大是文化

文系でもプログラミング副業で月 10 万円稼ぐ！

# 零基礎寫程式

設計商品頁面、嵌入 YT 影片或 Google 地圖、
FB 貼文廣告、發電子報……
沒學過程式的你，照樣能  談加薪賺外快。

30 年資歷工程師、15 年權威講師
日比野 新 ——著

黃立萍 ——譯

U0020789

# CONTENTS

## 第一章

# 零基礎也能學會寫程式 ……31

第四章

# 這樣設計，
# 讓瀏覽者想一口氣讀完！……173

第五章

# 只要加上「動作」，<br>就能提升網頁完成度 ……259

第六章

# 開始製作登陸頁面……313

# 推薦序一
# 穿破程式設計學習迷霧的一支「雙雕箭」

「紀老師程式教學網」版主／紀俊男

我在電腦補習班執教程式設計 30 年的經驗中，學生最常問我的問題就是：「老師，我想學程式，我該怎麼開始？」以及「老師，我學完某某程式語言了，接下來我能做什麼？」前一個問題，通常發生在報名我的課程之前；後一個問題，則通常發生在學完我的課程之後。

對於上面兩個問題，我的回答常常帶著一點狡猾：「看你的需求啊！」、「能做的事很多，讓我們到那邊坐下來慢慢聊……。」所以當我看到本書作者，建議初學者從網頁設計開始，並結合「登陸頁」（Landing Page）的製作，讓讀者馬上能「用」，不禁讚嘆他教案「學用並進」的設計巧思。

網頁程式設計好上手，還能夠用來製作登陸頁，將讀者的產品、夢想，透過網路推銷出去！這招「學程式順便賺錢」的手法實在太高了！一次消弭「不知從何開始」與「不知學完後能幹什麼」的兩大問題。不僅替零基礎的讀者指出一條學習道路，也

用一本書同時貫穿程式設計與網路行銷兩大主題。這種能穿過迷霧、一箭雙雕的書，實在罕見！

作者摒棄坊間電腦書「從 A 到 Z」的生硬教法，利用「製作瑜伽教室登陸頁」的範例貫穿全書。先以實務問題引起讀者的興趣，然後把 HTML、CSS、JavaScript 這些網頁程式技巧，由淺入深的依序切入。不僅如此，連怎麼製作網路廣告頁、怎麼監控網站流量，這些「行銷面」的知識，也穿插在正確的時間點出現。

除此之外，本書還有不容忽視的五大優點，我想在此特別推薦給讀者：

· **範例選題精準**：作者用「瑜伽教室」當範例真的是太妙了！不僅能示範如何在網頁顯示文字、圖片，也能示範展示影片、播放心靈音樂等功能。讓拜訪您網站的觀眾，瞬間融入瑜伽的空靈境界。換成瑜伽以外的範例，恐怕無法如此全面的展現這麼多網頁功能。

· **文、碼、圖恰如其分**：不同於某些電腦書籍，太過強調文字描述、程式碼、或畫面截圖其中之一，本書作者把「文、碼、圖」三者平衡得非常好！既不會被大量文字敘述淹沒，也不會在一整頁中塞滿如外星文字的程式碼，更不會用一堆螢幕截圖，讓你覺得這本書是在靠圖片「騙錢」。一般很難做到平衡這三者，這一點值得稱讚！

· **擅長整理、舉例、發明口訣**：日本作者一向善於舉例或用

手繪卡通來表達各種概念，這一點我想大家都認同。本書作者還很會發明口訣，像他在書中提到如何替網站選擇吸睛圖片時，說了「3B」原則，亦即「Baby、Beauty、Beast」（幼兒、美女、動物）。這讓我笑著笑著，就記住了。

‧**製作用心**：針對原文提到的日文網站，本書會很用心的找到臺灣類似的網站是哪些。展示執行結果的圖片，也沒偷懶用日文截圖，而是全數重製成中文。即便語言不同，仍能感受到日文原書的優秀之處。

總之，這本書或許不是什麼主題都有的百寶箱，不過它一定是能在關鍵概念上拉你一把的「救命草」。接下來，就輪到您上場了！記得在看完一章後，照著每章的「Let's Try」單元，打開電腦、動動雙手。天底下沒有同學能看完「游泳入門」後，一卜子跳入水中就能換氣的。不過我保證，只要肯天天實作，本書甘若純蜜的醍醐味，一定能澆灌入頂，把程式設計變成您一生的技能，不離不棄！

（本文作者為「紀老師程式教學網」臉書粉絲專頁版主，「和群資訊公司」創辦人，擁有30年程式設計教學經驗。）

# 推薦序二
# 從接案中學會寫程式，更務實又有效率！

「WordPress 網站帶路姬」創辦人／網站帶路姬

　　坊間有很書籍教你寫複雜的程式、也有很多書籍教你接案。但是，今天介紹的這一本書，竟然帶著你直接從接案中學習寫程式！讓人學起程式來更有動力、也更有效率！

　　很多人都知道，會寫程式有很多好處，可以做網站、可以自由的把網站改成自己想要的樣子。然而，大部分學習程式語言的書籍，都充滿艱澀的詞彙，初學者通常看不到幾頁，就看不下去了；還有很多人也許會接其他行業的案子，卻沒有接過網頁設計相關的，於是在接案過程中感到非常不確定與沒有自信。作者日比野新的這一本書，不是程式設計書，而是商業書！他用最白話的文字，搭配恰到好處的節奏，讓你只需要花很短的時間，不只能學會做出一個網頁，而且還能學到接案流程、接案時的注意事項等，真的可以開始賺錢！

　　我本身是使用者介面（UI）與網頁設計師。過去兩年來，致力於經營「網站帶路姬」部落格，希望透過最生活化的比喻、最

淺顯易懂的方式，帶領完全不懂程式的人無痛進入 WordPress 的世界，讓每個人都能輕鬆做出網站。WordPress 是目前世界上最有名的架站工具之一，不用寫程式，就能夠幫助大家，快速做出一個個看起來很專業的網站。然而，這些工具表面上提供大家視覺化的互動介面，讓你經由輕鬆的拖拉元素，就能做出網頁，但其背後的運作原理，不外乎還是幫你產生，可讓網頁瀏覽器轉譯成網頁的程式碼。

許多人使用了如WordPress這樣的架站工具後，如果發現有些地方無法直接透過後臺介面去「設定」出自己要的樣子，就束手無策，只好屈就於它的限制及不夠完美的設計。其實，如果大家能學習一點基礎的網頁相關程式語法，像是書中所提到的HTML、CSS與JavaScript，就能輕鬆克服上述的問題，更可以針對細節寫一些程式，就能做到完全客製化，更貼近自己想要的樣子。

另一方面，有些人在WordPress裡，透過外掛的方式來經營搜尋引擎最佳化（Search Engine Optimization，簡稱SEO)，希望提升網站的 Google 排名，可是常常在過程中，不確定自己做的到底對或錯？ 這時候，如果能懂一點基本的 HTML 知識，就能幫助你正確的檢測與判斷。

網頁設計的市場需求非常大。試想，你周遭的每一個人，都需要一個網頁來呈現自己的履歷或作品；你周遭的每一家公司，都需要一個商業網站來銷售服務或商品。不過，不是每個人都有

時間自己製作網站，因此，如果能越早開始學習寫程式，就越早有機會開始做程式設計的副業，多一筆額外的收入，資歷越深、收入還越高！不論你是想跟著作者的教學，專注於一頁式登陸頁的設計與接案；或是使用WordPress之類的工具來架站與接案，並搭配本書作者的教學，加強自己客製化設計的能力，本書都是很棒的選擇！

　　身為使用者介面設計師的我，更加深刻體會到作者的用心，他處處為不懂程式的朋友著想、刻意避開艱澀的專有名詞、使用了許多生活化的比喻、設計簡潔又易於閱讀的排版，讓人學習起來很輕鬆、沒有壓力，一點都不像在學寫程式！這本《零基礎寫程式》真是一本好書，值得推薦給不懂程式的新手們！

　　（本文作者為「WordPress網站帶路姬」部落格及「WordPress不懂程式的新手站長──網站帶路姬學園」臉書社團的創辦人，擁有超過18年的網頁設計經驗。）

## 推薦序三

# 網頁開發不難，<br>難在遇到一本好的入門書

「PJCHENder 網頁前端資源站」臉書粉絲專頁版主／陳柏融

　　轉職成為網頁工程師，到現在也快 5 年了，當初誤打誤撞走上了網頁開發這條路。因為網頁開發可以在畫面上得到立即回饋、與使用者又有高度互動，這種程式開發讓我深深著迷。

　　近幾年來，網頁開發的應用情境越來越廣，從過去單純只能在瀏覽器中檢視的網頁，到現在已經可以用來製作手機上的 App，以及電腦上的應用程式、AI 機器學習和區塊鏈等應用，這些都可以透過相同或相似的網頁開發技術達到。

　　因此，有越來越多人想要嘗試並投入這個領域，但在嘗試之前卻往往抓不到方向。雖然網路上的學習資源包山包海，卻也讓初學者不知道該從哪裡開始入門？一方面，初學者看到有如天書般的程式碼後，還沒開始就決定放棄；另一方面則擔心自己花了大量時間後，卻發現所學並不是自己原先期待的，於是不斷思考：「我適合這個領域嗎？」、「我真的對這個領域有興趣嗎？」

　　如果你經常聽到網頁開發、想要嘗試學習，但又不確定自己

到底喜不喜歡、有沒有興趣，又或者單純只是好奇，每天都在瀏覽的無數網站是怎麼產生的，那麼《零基礎寫程式》這本書非常適合你。

這本書將會一步一步帶著你建立網頁，從一開始的 HTML 架構，接著搭配 CSS 、幫網頁添加造型與設計，最後透過 JavaScript 來增加更多與使用者互動的功能。這本書是特別為了「零基礎」的入門者所規劃，因此在難易度的拿捏上用心做了取捨，也詳細的描述入門者比較容易掌握的觀念，而對於較艱深、進階的觀念，作者則是請讀者們先跟著書中內容做過一遍，再去探究原理。

在閱讀本書的過程中，建議讀者們可以跟隨作者的說明，體驗製作網頁過程的成就感與樂趣。這本書適合完全沒有程式開發經驗，又想了解網頁開發的人，不論你是產品經理、學生、考慮轉職的上班族，都可以從這本簡易的入門書開始上手。跟著本書體驗過後，相信你將更清楚自己是否對網頁設計與程式開發感興趣、是不是願意花更多時間繼續投入學習。

（本文作者考取臨床心理師後轉職軟體工程師，同時經營「PJCHENder 網頁前端資源站」，致力於透過內容的撰寫與分享，減少初學者在學習新技術上的焦慮與不安。）

CP值最高的工作，就是「程式設計」。


即使是文科生、資訊科技門外漢，

時薪也能達到一萬日圓。

只要利用空檔時間，

一個月便能輕鬆的賺到十萬日圓！


那麼，就讓我們一同邁向

能夠輕鬆學習的

程式設計世界吧！

# 以「程式設計」為副業的人們的心聲

> 我的本業幾乎不會加薪、升職，因此對於未來總是很不安。我過去對程式設計都不感興趣，只是因為有多餘的時間，才開始學習。雖然是自學，但不到一個月左右的時間，我就可以製作出登陸頁面，還拿到每月高達 8 萬日圓的斜槓收入了（空調保養公司・26 歲男性）。

> 由於工作方法變革，使得加班時數減少，因此影響了收入，我才思考是否要額外兼差。我在大學時稍微學過程式設計，所以馬上就能想起相關的基礎知識。如今，我每個月至少能靠程式設計賺進 12 萬至 14 萬日圓（軟體公司的監控部門・31 歲女性）。

> 日本規定從 2020 年起，「程式設計」將列為小學的必修課，我想孩子會問我問題，於是我便開始學習。漸漸的，我知道許多人都在徵求程式設計的案子，前陣子第一次做了 1.5 萬日圓的案件。今後我打算依照自己的空檔時間，逐漸增加接案的數量（製造業大廠業務人員・40 歲男性）。

> 我原本是一家資訊科技創投企業的業務人員，但因為公司實在太血汗，我就離職了。後來想要培養一技之長，於是學了半年的程式設計。程式設計師相當搶手，我也順利轉職到良心企業。同一時間，我的副業也開始賺錢，高峰期收入還可超過每個月 40 萬日圓（系統公司工程師・34 歲男性）。

## 前言

# 程式設計，沒有想像中那麼難

「我真的能以程式設計為另一項技能，來增加收入嗎？」

現在翻到這一頁的讀者們，應該有許多人都這麼想吧？一聽到「程式設計」，腦海中就浮現「堆砌在個人電腦畫面上的謎樣文字」，然後覺得那一定很難（我以前也是這樣）。

在本書中，我們要運用這一堆謎樣的文字，把目標設定為「能夠自己製作出如下頁圖的『登陸頁面』（Landing Page，或稱一頁式網站），獲得額外收入或是加薪」。

好像很複雜？沒有程式設計相關經驗的人，或許會認為它看起來很困難。

但是，請放心。只要讀完這本書，所有人都能夠「在兩到三個小時之內，從零寫出這樣的登陸頁面」。我相信，只要你能持續讀完，就能理解箇中緣由。

從程式設計經驗門外漢的眼中來看，應該都會認為「這不是那麼簡單就能做到的」。確實，如果要詳細解說本書裡使用的三個程式語言（HTML、CSS、JavaScript），必須個別用一本書以

## 比較具代表性的登陸頁面範例

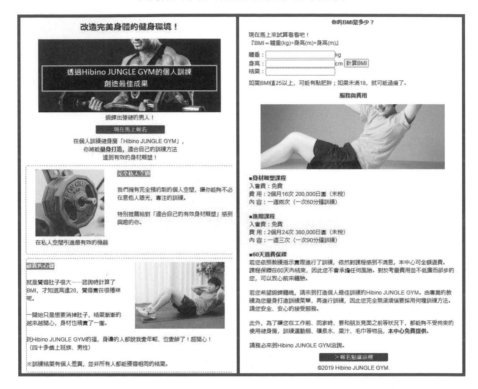

上圖是較為常見的登陸頁面範例，其中包含HTML、JavaScript 等程式語言的使用技巧，後續內容將會一一介紹。

上的分量才夠。

　　然而，如果是關於程式設計，而且是專為初入門的新手而設計的「製作登陸頁面」，所需要的知識就相當有限了。

　　在本書中，我從一般高達三本書的分量裡，抽出了以程式

設計為工作技能時真正需要的內容。初學者只要先從這些部分開始，之後再鑽研對應所需的知識即可。

## 這不是程式設計書，而是教你增加收入的方法

此外，本書還有一項特色，是同類書籍所欠缺的。那就是，這不只是一本單純的程式設計書，而是一本商業書。

本書是以「供初學者學習程式設計」為前提，因此會盡量減少複雜的公式和專業用語。

此外，本書也整理了關於「如何尋找客戶」、「獲得客戶信賴的方法」等，當你實際以程式設計為工作技能之後，這些都是應該要知道的重點。

不僅如此，為了盡可能讓讀者確實感受到自己的成長，我準備了許多要動手執行才能加深理解的內容。程式設計和學習外語一樣，熟能生巧非常重要，因此我很有信心，這個方法是掌握知識、技術的最短路徑。

或許你會想，學習程式設計的門檻高，也只有一部分特別的人才能理解吧。「和資訊科技相關的工作，我完全不行」、「我不太懂程式數據，所以很害怕」，這些心情我都能理解。

不過，只要你慢慢的理解以下三個階段，就能充分掌握程式設計的知識。

①從簡單的部分開始。
②設計之後，享受變化。
③增加動作，加深理解。

為了確認我所說的話，請你在接下來的日子裡，試著往下學習本書的課程。相信你每一天都能感覺到自己的成長，而且當你回過神時，就已經能夠寫出登陸頁面了。

## 除了本業，你可以有其他的收入來源

我目前是自由工作者。在48歲時，我跳脫了過去的工作型態，揮別每天朝九晚五、工作30年的軟體工程師職涯。

在這30年當中，我經歷過五次轉職，從正職員工到約聘員工，甚至是資訊科技業界中的工作型態「派遣人員」，這些我都嘗試過。

我曾在職場的第一線指導過工程師，也曾為新進員工做教育訓練，指導對象合計超過1,000人；也執行過系統開發的案件，從大型能源公司的經營統合系統到電商網站、網路的會員服務等，已累積了300件以上的經驗。

現在，我不僅是軟體工程師，也協助企劃、設計、建構電商網站和媒體網站，以及行銷、推廣等工作，同時也是業務文案撰稿人。

除了這五項以上的工作之外，我從沒想過自己會獲得這樣的機會，能夠寫書、為客戶開設講座、培養程式設計師等。我有幸獲得客戶委託，從事各種工作，這些都是當我還是上班族時無法想像的。

## 上班族的人生，可以更多彩多姿

當我還是上班族，一直都認為錢就是從公司那兒得到的酬勞，從未想過要運用自己的技術來賺取額外的收入。然而，在友人的介紹之下，我得到了一個製作登陸頁面的機會，人生才有了極大的轉變。

我開始這樣想：「不但能從公司以外的收入來源賺到錢，而且只要努力，還可以賺到相應的豐厚報酬。」

請不要捨棄自己的可能性。請務必利用本書創造機會，讓自己往「學會程式設計」邁進一小步。

# 在閱讀本書以前

　　在此先為各位讀者說明關於閱讀本書時的注意事項、練習的題目，以及需要事先下載的內容。

## 一、注意事項

　　本書內容是以2019年3月時的資訊為基礎來解說。本書出版後，軟體、程式語言可能因更新的緣故而使得功能、畫面有所改變，請讀者諒解。

　　本書中解說的軟體、程式語言的版本，主要如下所示。依據您使用的軟體、程式語言的版本，有可能無法得出符合本書介紹內容的結果。

　　　・Microsoft Windows 10
　　　・Google Chrome（版本：71.0.3578.98〔Official Build〕）
　　　・HTML5
　　　・CSS3
　　　・JavaScript

刊載於本書的示範畫面、各個名稱、設定順序，均仰賴作者個人的設定，可能會與 Windows 的初始設定不同。

本書中介紹的自由軟體，可能會因開發者的關係而中止開發、停止發布。此外，關於因下載、使用這些軟體，連結網站的路徑而產生的損害，出版社及作者將不負一切責任。請基於個人責任使用。

## 二、關於練習

為了讓您加深理解，本書備有練習題供您練習。為了確認您是否正確掌握學習內容，請善加利用。

- 練習內容：指實際操作的題目內容。
- 素材：表示練習題目時所需的畫面、文章的素材檔案。
- 提示：記載練習題目時的提示。
- 核對答案：可核對練習的答案，試著和自己製作的成品比較看看。

## 三、關於下載

本書中所使用的素材、核對答案的檔案，都能透過以下的網址下載。（https://reurl.cc/R4NLEx）

從前述網址下載的檔案，僅供本書學習使用。關於從前述網址下載檔案的使用結果，出版社及作者將不負一切責任。請依據個人責任使用。

# 第一章

# 零基礎也能學會寫程式

# 1

# 成為斜槓青年的最快選擇

　　現今，斜槓的種類越來越多，一個月多賺新臺幣兩、三萬元以上的人也不少。但另一方面，應該也有很多人不知道該做什麼才好。

　　在此，我要介紹幾個一般認為比較典型的型態，並且和程式設計相比較。

## ・聯盟行銷

　　所謂聯盟行銷，是指「成果報酬型的廣告」。其機制是將特定的商品、服務等廣告刊載於網頁和部落格文章上，再依據點閱率賺取收益。

　　好處是雖然能輕易開始，但一個月可賺到豐厚收入的人少之又少，也有很多人連新臺幣兩、三百元也賺不到，就脫離這一行。此外，據說要需要花上半年左右的時間，才能達到收入穩定的程度。

### · 網路寫手

　　網路寫手的案件很多，但是，單價卻低廉得讓人驚訝，有些案件「撰寫3,000字的報導只拿新臺幣一百多元」。雖然只要累積成績，單價也會提高，但因為競爭激烈，做起來也沒那麼容易。

### · 轉賣

　　所謂轉賣，就是以低價買進商品，再透過Amazon、樂天、二手商品交易平臺Mercari（按：類似臺灣的「露天拍賣」）等網站高價賣出，藉以獲利。現金流動性高、可以在喜歡的時間做，這些都是優勢。

　　然而，轉賣不僅需要空間來放置庫存商品，還需要自行進貨、上架、包貨、寄送，可說是體力活兒。

## 那麼，以程式設計為另一種斜槓又如何？

　　首先，由於資訊科技人才不足，需求可說是相當多。根據日本經濟產業省的調查顯示，2016年當時IT人才的欠缺人數，竟高達約17萬人。不僅如此，該調查估計，到了2020年，還會來到兩倍以上，約37萬人；到了2030年，更會增加為2020年的兩倍以上，約為79萬人。

　　因此，我們可以預料，程式設計的人才需求，在未來也將持續攀升。當然，如果供給少於需求的情況持續下去，相信接案單

價將會持續成長，變得更好賺錢。

2020年開始，程式設計已成為日本小學生的必修課（按：臺灣108課綱也將程式教育納入中學課程），因此若自己能夠理解，也可以教導孩子。不僅如此，只要學會程式設計，就能具備邏輯思考、解決問題的能力，相信在職場上也會很有幫助。

# 2

# 程式設計初學者的第一步：
# 客戶在哪裡

由於網路普及，製作登陸頁面的需求日增，比方說，只要看看如下舉例的群眾外包網站徵求頁面，就會發現每天都有三十件左右的登陸頁面委託案。

## · 群眾外包

在 CrowdWorks（crowdworks.jp）、Lancers（www.lancers.jp）、@SOHO（www.atsoho.com）這類群眾外包網站上，都可以接受委託（按：臺灣讀者可利用 104 外包網、1111 外包網、Tasker 出任務等網站）。

由於群眾外包目前的單價一直在下降，因此建議一開始先當作小試身手、提升技能，將這些網站作為累積案件數量的地方。只要多次接受委託，累積成績，相信接案單價也會持續往上提升。

## · coconala、SUTOAKA

在 coconala（coconala.com）、SUTOAKA（www.streetacademy.com）等，這類交換技術、知識的網站上，也可以接受委託。（按：臺灣讀者可利用 evolution 等技能交換網站，但無法收取金錢。）

由於單價都是由你自己決定的，因此在確認市場行情之後，就能以一般可接受的金額承接委託。

### ·顧問、稅務師、中小企業診斷師

若能透過異業交流會之類的機構結識朋友，也有可能從這類職業人士那兒接到委託。因為他們都很忙，所以會需要別人代勞、製作登陸頁面。

### ·朋友、認識的人

想一想，在熟識的朋友中，是不是也有人從事網拍相關工作，或是獨自創業、在網上開店？

試著和他們談一談，看看他們是否需要製作登陸頁面吧！或許一開始得用友情價來接案，不過只要做出成績，也是有可能提高單價的。

> **Point**
>
> 登陸頁面的平均單價為兩萬日圓上下。上手之後，可以在兩至三個小時內做好一個案件，就算只在週末努力執行，一個月也能以十萬日圓為目標！（按：在臺灣，製作一頁式網站的費用約一萬元上下不等，建議讀者可上各大外包網查詢。）

# 3

# 從接案到收入進帳的流程

你在網路上購買某樣商品時，是否曾看過下方這種長條狀的頁面？沒錯，這就是登陸頁面。

我們可以利用如下的流程，來製作這種登陸頁面。

## 比較具代表性的登陸頁面範例

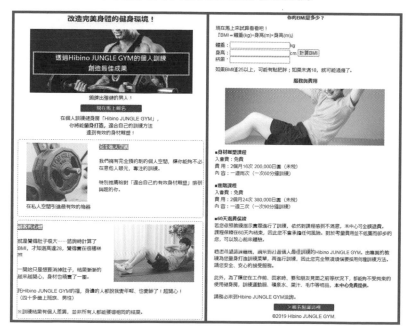

①想要製作登陸頁面的人提出委託。

②尋找委託對象。

③委託成立。

④確認委託內容。

⑤製作。

⑥確認製作完成的頁面，交件。

⑦收入進帳。

（本書主要是解說關於④至⑥的部分。）

在程式設計的相關副業中，包括以下幾種服務。

· 製作網頁。

· 建構網購網站（電商網站）。

· 手機APP開發。

· 會員管理、銷售管理等系統開發。

許多人都需要以銷售活動為目的的登陸頁面，此外，以案件數來說，這類案件的數量也十分豐富，因此很推薦新手從這裡開始起步、製作登陸頁面。

# 4

# 登陸頁面是什麼？
# 想想廣告傳單

在網路上銷售、介紹商品或服務時，登陸頁面具有「廣告傳單的功能」。

登陸頁面大致上可分為四個部分。只要先了解架構，等你接到委託案之後，就更能理解製作的內容了。

```
① 廣告標語（catch copy）

② 正文（body copy）

③ 結論文案（closing）
④ 呼籲字句（Call To Action）
```

那麼，接下來讓我們看看各個部分的相關內容。

· **廣告標語（Catch Copy）**

有了廣告標語，才能引發瀏覽者的興趣，讓他們繼續閱讀網頁的正文。

· **正文（body copy）**

先讓商品與讀者內心的問題有所共鳴，再介紹自己提供的解決對策。這些要素，是為了讓閱覽者認為，商家介紹的商品或服務「正好能解決我的煩惱」。

· **結論文案（closing）**

結論文案是讓閱覽者毫不遲疑，立刻下單購買商品或服務的關鍵。

· **呼籲字句（Call To Action）**

讓閱覽者在閱讀結尾文案之後，馬上採取行動、下單購買。具體而言，就是讓閱覽者「按下按鈕，跳轉到購買頁面」。

## 網頁的架構，也可以套用在銷售文案上

以上這些規則不僅有助於設計登陸頁面，未來如果你想要銷售物品或服務時，只要記住這四個架構，應該會很有幫助。

# 5

# 沒有萬用的頁面，得隨時更新改善

正如前一篇所說的，登陸頁面是網路的廣告傳單。因應季節、流行、性別、年齡，廣告傳單要引發興趣的重點也會隨之轉變。換言之，即使是這個月十分受歡迎的頁面，到了下個月也可能會讓商品賣不出去。因此，不可能會有「已完成、這樣就做完了」的時候。

## 維持速度感、不斷進行PDCA循環

一個好的登陸頁面，最需要的其實是「速度感」。就像如果要知道廣告傳單的效果如何，就只能試著發出去、再看看結果。

正因如此，我們需要不斷改善、準備，並反覆進行「製作頁面→推出頁面→檢視成果→改善」的步驟，請參照下頁圖表。（按：PDCA，是由 Plan、Do、Check、Act 四個單字的字首所組成。是指透過「規劃、執行、檢查、行動」四個步驟，以確保目標達成的方法。）

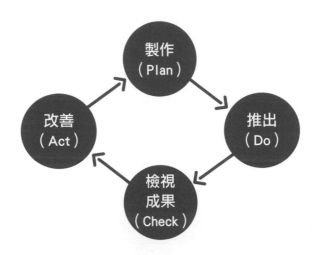

・改變廣告標語。

・改變圖像。

・改變呼籲字句的按鈕顏色。

・改變呼籲字句的文案。

・改變廣告標語之後的文章內容。

　　可以說，登陸頁面有許多像這類應該持續改善的細節。尤其是要藉由改變廣告標語或圖像，才能讓閱覽者產生與以往截然不同的反應。

# 6

# 注意這些眉角，
# 包你案子接不完

　　為了獲得穩定的收入，你得想辦法抓住老客戶，只要能持續接到委託案件，不僅收入會更穩定，技能也會提升。

　　因此，我要告訴你「與客戶高明往來」的五個觸發條件。

## ・ 讓對方感到輕鬆

　　比起詢問客戶：「該怎麼做才好？」你應該問：「我們有 A 方案和 B 方案，你覺得哪一個比較好？」這種讓對方選擇的提問方式，就能讓對方不必費心思考並給出答案。

## ・ 別讓客戶焦慮、不安

　　「聯絡不上」、「沒有回覆」，持續發生這些情況，會讓客戶焦慮，也會覺得不安。最後，不但無法與客戶建立信賴關係，對方也不想要再把工作委託給你。因此，請加快平時的回覆速度！

### ‧ 在製作期過一半時，先向對方確認

請盡可能在製作期過了一半時，就先向對方說明「成品大約是這樣的感覺……」，讓客戶檢視一下過程。比起到了交件當日，才讓對方覺得「這方向不對呀」而慌了手腳，不如在交件前能從容的改善，對彼此來說合作會更愉快。

### ‧ 以對方的角度來思考

比起想著：「該怎麼做，自己才能輕鬆做事？」你應該先想想：「該怎麼做，對方才會開心？」打個比方，即便是寫電子郵件，也不只是寄出而已，而是要整理成收件者容易閱讀的內容，或讓對方更容易理解重點，如此考慮對方的立場來溝通是很重要的，這和談戀愛是同樣的道理。

### ‧ 準備替代方案

無論是什麼樣的工作，都會遇到一些自己目前無法解決的問題。這種時候，雖然可以簡單說一句「我辦不到」，但這麼一來，案子就飛了。所以，還是請你盡可能提出自己辦得到的替代方案。

# 7

# 從新手進階到老手後，
# 你會賺更多

程式設計有個特點，那就是案件需求量不斷增加，而且藉由技能的進步，收入也更容易往上攀升。

## ・製作「公司的網頁」

只要把本書中的登陸頁面製作技巧、知識，再往上提升一些，就可以接這個案子來做了。如果是10頁以上的網頁製作，就能賺到高達30萬日圓的報酬。如果能將商業知識（行銷等類）導入網頁，報酬也有可能超過70萬日圓。（按：臺灣外包網站上，製作、架設網站的費用約3萬元到6萬元不等。）

## ・在網路販售線上教材

只要專精「Ruby」、「PHP」等程式語言，就可以開發如會員系統、網購系統之類的網站。也有人從此成為自由工作者，後來就同時接兩、三個案件來做了。

## ‧ 擔任指導技能的講師

最近，流程機器人「RPA」（Robotic Process Automation），這類可以讓人節省工作勞力、時間的自動化機制，正受到廣泛的討論。如果學會這樣的技能，不僅能讓你在公司裡的評價更高，也可能會增加收入。

此外，今後想要使用RPA的人也有增加的趨勢，因此以指導技能的講師身分來賺取副業收入，相信前景也很看好。

舉例來說，假設每次講座的授課費用是一個人1萬日圓，那麼只要募集到10位學生，就是10萬日圓。光是一個月兩次、在週末授課，算起來就可以賺到20萬日圓。（按：以1111人力銀行的職缺為例，程式設計師講師的時薪約在400元至2,000元不等。）

## ‧ 擔任週末授課的程式設計老師（單價標準：無價）

從2020年開始，日本小學將會導入程式設計教育。這樣的程式設計教育，就是以培育「邏輯思考」、「解決問題的能力」為目的（按：臺灣的108課綱也將程式教育納入中學課程）。

因此，待技能提升後，你也能在週末志工、兒童程式設計之類的教室裡工作，將你已經學會的邏輯思考、解決問題的能力傳授給孩子們。

不僅如此，你也可以把透過網路來教學的「程式設計教室講師」當作副業。換算成時薪，一個小時有2,000日圓至4,000日

圓。推薦給追求工作價值更勝於收入的讀者。（按：以 1111 人力
銀行網站的職缺為例，兒童程式設計老師的時薪約在 600 元至 800
元不等。）

---

**零基礎寫程式**

☐ 程式設計是商務、家庭都需要的技能。

☐ 登陸頁面在網路時代，是必備的行銷產品。

☐ 以受顧客信賴，並多次接受委託為目標。

專欄一
# 最強大的文字編輯器 「Adobe Brackets」

本書中所介紹的登陸頁面製作，只要使用一般電腦都有的「網路環境」和「文字編輯器」，任何人都可以著手進行。

關於文字編輯器，雖然如第67頁所解說的，也可以使用各位電腦中內建的軟體，不過在此還是介紹一個更方便、更值得推薦的工具。

## 用Adobe Brackets寫程式

「Adobe」公司以Photoshop、Illustrator等軟體為人所熟知，而「Adobe Brackets」就是他們免費提供、堪稱最強大的文字編輯器。它不僅支援Window系統、也可在Mac上運作，它更是執行大型案件的專家都在使用的高可信度工具。

請你務必嘗試這個最棒的工作環境（此外，由於我希望各位能藉由本書迅速開始學習，因此如果是Windows系統，我會使用

「記事本」軟體；如果是Mac系統，我會使用「文字編輯」來說明）。（Brackets的官方網站：http://brackets.io/，該網站可下載這款軟體。）

　　關於Brackets的安裝方法、使用方法，請利用「Brackets安裝」、「Brackets使用方法」這類關鍵字來檢索。網路上有許多人會提供相當詳盡的教學。

## 第二章

# 開始寫之前，
# 你得先知道這些事！

# 1

# 網路就像人類的語言，會說，但不是人人都懂其中原理

網路之所以能受到人們廣泛使用，主要有三大理由：①1991年，全世界第一個網站公開；②1994年，網路商用化；③1995年，Microsoft Windows95問世，掀起空前的網路風潮。

我們每天都在使用網路，但「網路」究竟是什麼？

所謂的網際網路（internet），是利用既定的規則，讓全世界的網絡能夠彼此交流的方法。在專業上，我們將它稱為「網路通訊協定」。網路通訊協定相當於人類的語言。說同樣語言的人，就能輕鬆的對話。

串連起全世界電腦的網絡（network）之間，藉由運作和人類語言相同的機制，我們才能在通勤電車上、從咖啡廳裡，連結到美國、巴西、西班牙，

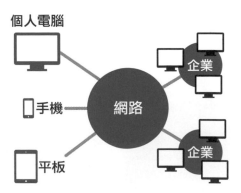

最後還能迅速、輕易的得知從南極昭和基地（按：日本位於南極的觀測基地）發送過來的資訊。

## 網際網路和全球資訊網不一樣？

我們經常會聽見「全球資訊網」（Web）這個詞彙，因此有許多人都會混淆，以為「網際網路等於全球資訊網」。

然而，網際網路和全球資訊網，在根本上意思完全不同。

所謂的「網際網路」（internet），是網絡之間相互連結、能夠彼此對話的機制，也是一種通訊規則。相對的，「全球資訊網」（web）則是我們平時在電腦、手機的畫面上看見的網頁。順帶一提，全球資訊網的正確名稱是「World Wide Web」。

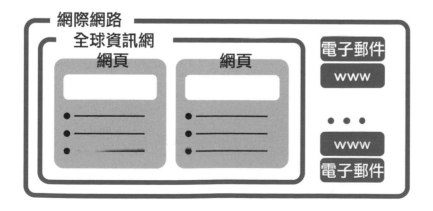

# 2

# 網站就是網頁的集合

一聽到「網站」這個詞，或許你腦子裡會充滿問號。所謂的網站（website），是指由首頁（top page，按：日本習慣以此稱呼首頁）、公司概要、商品介紹、聯絡諮詢等各個網頁所集合起來的東西。如今，它以幾乎相同的意思被稱為「主頁」（homepage，按：一般以此稱呼首頁。但是在日本，有些人會把網站稱作 homepage）。

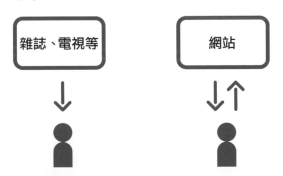

網站有一個特徵和電視、雜誌等媒體不同，那就是能夠立即雙向溝通。瀏覽過網站之後，消費者能馬上下單買東西。這也是網站有別於其他媒體的一大特徵。

## 網站的規模，小至單一頁面，大的就像亞馬遜

　　接下來我們要學習的登陸頁面，也是網站中的其中一個網頁。由於它是一種被稱為「單一頁面」（single page）的縱向長型簡單頁面，因此近幾年有越來越多人在銷售、商品宣傳、促銷活動時用到它。保健食品、化妝品、私人教練等，你應該經常會看到登陸頁面以廣告的形式出現。

　　像這樣只有縱向長型頁面存在的網站，就稱作「單一頁面網站」（single page site）。而包含公司概要等資訊、約有十個網頁上下，適合個人的小型網站則是「輕量網站」。像亞馬遜、樂天，以及日本流行服飾網站ZOZO等超過數百個網頁的網站，則稱為「大規模網站」。

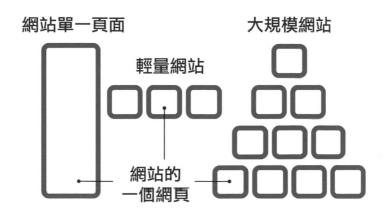

　　本書中要學習的登陸頁面，在上圖「輕量網站」、「大規模網

站」中，也同樣不可或缺。

## 商品越多，需要的登陸頁面也越多

　　尤其當網站的網頁數越增加，想要介紹的商品、服務也會持續增加，因此登陸頁面的需求也有持續增加的趨勢。

　　此外，網頁數量增加得越多，為了確認客戶希望什麼樣的瀏覽者看見網站整體的主題、概念，便出現名為「網站技術指導」的職業，化身為領導者，盡可能維持網站整體的協調感，並推動工作往下進行。

# 3

# 谷歌人人在用,檢索技巧卻不是誰都會,你信不信?

寫程式時,必然會遇到不懂的問題。但只要加強上網檢索的能力,就能迅速解決問題!

至於如何上網檢索,就善用大家耳熟能詳的「Google」吧!

如果沒有找到理想的答案,大都是因為你檢索的方法不對。唯有提出好的問題,才能導出好的答案。這一點無論是對人或對資訊來說,都是相同的道理。

## 檢索的重點——選對關鍵字了嗎?

利用 Google 檢索時,重點就在於:「要把怎麼樣的關鍵字排列在一起?」

例如,如果你想知道關於「京都車站周邊、受顧客喜愛的咖啡廳」資訊。這時候,絕大多數的人一定會輸入「京都車站 超人氣 咖啡廳」。但萬一你輸入「京都 超人氣 咖啡廳」,若以這些關

鍵字來檢索，那麼就連距離京都車站相當遠的咖啡廳，也會出現在檢索結果中（因為也有很多超人氣店家，離京都車站很遠）。

　　就如同這個例子，接下來將你遇到的疑問，盡量具體的將想知道的資訊，化為兩、三個關鍵字來檢索。

## 檢索關鍵字的重點，多一點、具體一點

　　如何才能檢索到想要的資訊，重點如下：

・作為關鍵字的詞彙，要用空格來區隔。

・將「想知道的資訊」具體化為詞彙。

・至少要用兩個詞彙，最理想的情況是用三個詞彙來檢索。

檢索範例①：html 文字 加大

檢索範例②：CSS 背景 顏色

檢索範例③：javascript 連結 點擊

利用「程式語言＋想要做什麼內容＋怎麼做」的方式來思考，就很容易想出檢索的關鍵字了。

# 4

# 寫程式一定要知道的三個詞彙

「檔案」、「資料夾」、「目錄」，乍看之下，這些詞彙好像很艱澀，但要從事程式設計相關工作，如果逃避它們，可就無法通過考驗喔。不如趁這個機會好好記起來！

## 不同的副檔名代表檔案類型不同

接下來我們要學習製作的登陸頁面，和我們平常使用的「word文件」很類似。最相似的部分是，兩者都是只以文字資訊構成的文字塊。這個文字塊就稱為「檔案」。

進一步說明，為了讓電腦和我們都能簡單判斷出檔案裡有什麼樣的資訊，檔案的後面都會附上一個表示檔案種類的符號，叫做「副檔名」。

js-sample.html
sample.html
yoga-studio-lp.html

左圖的底線部分，就稱為「副檔名」。

**製作登陸頁面時會使用的主要副檔名：**

- word 格式：為「.docx」。
- 文件格式：為「.txt」。
- HTML 格式：為「.html」或「.htm」。
- GIF 格式：為「.gif」。
- JPEG 格式：為「.jpeg」或「.jpg」。
- PNG 格式：為「.png」。

# 「資料夾」和「目錄」有什麼不一樣？

我們經常會使用的詞彙，應該就是「資料夾」了吧。但是，製作登陸頁面時，我們會稍微專業的稱呼它為「目錄」。

嚴謹一點來說，所謂「資料夾」（folder）是「放（檔案）進去的容器」，裡頭存放著文書資訊之類的檔案，它像是一個盒子。「目錄」（directory）則意味著「場所」，文書資訊等類型的檔案所存放的箱子就擺放在這裡。

## 檔名和目錄名稱的命名規則

要替製作的登陸頁面取「檔名」和「目錄名稱」時，有六個規則。

## ①統一使用小寫英文字母、數字

例如：

OK → index、landingpages、images、css、folder1等。

NG → INDEX、landingPages、images!、css&、folder-1等。

## ②禁止使用全形文字、半形假名

所謂全形文字，就是指漢字、平假名、片假名等文字（按：中文較少遇到輸入假名的情況，主要為全形符號）。全形文字和半形假名有時無法正確的辨識，因此請盡量不要使用。

## ③不鍵入空白

例如：「index images」。

→ index和images之間有出現空白，所以是錯誤的命名方式。

## ④不能使用這些符號

例如「￥」「／」「；」「：」「，」「？」「＜」「＞」「"」「｜」，以這些開頭的符號，建議不要用於檔名或目錄名稱。請統一使用如①之中的「小寫英文字母、數字」吧！

## ⑤檔名一定要加上「副檔名」

為檔案命名時，請一定要加上如第60頁介紹的副檔名。副檔名就是在檔名最後的「.」（英文句點）之後，追加的三至四個英文

字母。

### ⑥盡可能不要中途變更

一旦中途變更，可能就會找不到原本以檔名為依據所顯示的圖像，圖像便無法呈現出來。

---

### Ｍｅｍｏ　網址和網域

學習程式設計，必然會遇到像「http://www.xxxx.co.jp」這樣的字母排列。這稱為「網址」（URL），表示和「有網頁、登陸頁面的位置及資訊」交流互動的方法。若以日常生活來舉例，就像是某某人的住家地址和聯絡方式。

地址有時也會有樓層，每個樓層的位置都被以名為「網域」（domain）的單位管理著。舉例來說，如果是「www.example.co.jp」這串文字，我們該如何找到地址？

就像這樣，我們可以一邊由「www.example.co.jp」這串網址的右邊往左邊，從圖表中上方的伺服器開始依序詢問管理的大型電腦並前往下一個位置，一邊請它告訴我們目的地的詳細位置（稱為IP位址）。最後，存在於目的地址的網頁，就會顯現在我們的電腦、手機畫面上。

　　人類雖然會由左至右來記住網域，但電腦的特徵是由右至左，一路依序調查網域。

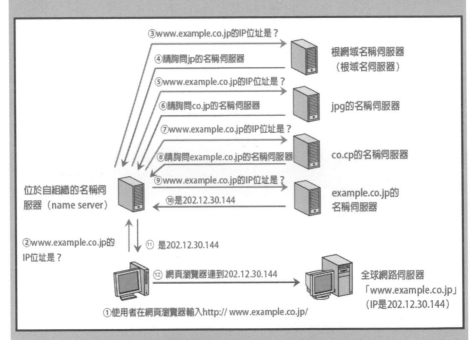

出處：一般社團法人日本網絡資訊中心官方網站
https://www.nic.ad.jp/ja/dom/system.html

# 5

# 終於到準備階段了，
# 先整頓作業環境！

　　程式設計的必備工具，就只有個人電腦。在開始之前，為了
能舒適的展開作業，先設定一下個人電腦吧！

## 讓「檔案的副檔名」看得見

　　之前曾說明過，為了辨別檔案屬於什麼類型，需要有「副檔
名」。這方便的副檔名，無論是 Windows 或 Mac，一開始都是隱
藏起來的，不打開的話就看不見。因此，為了能夠一眼辨別檔案
的類別，我們要先讓副檔名顯現出來。

### 如果你使用的系統是 Windows 10

　　啟動檔案總管。從上面的選單選擇「檢視」，中央附近有一
個稱為「副檔名」的項目，請將它勾選起來吧。

### 如果你使用Mac OS10.11.6

從Finder的選單上選擇「偏好設定」。「Finder偏好設定」會顯示出來，請先選擇「進階」，再將「顯示所有檔案副檔名」勾選起來吧。

## 準備作業資料夾

準備用來存放副業檔案的位置（資料夾）。雖然只要是在電腦裡，資料夾放在哪裡都可以，不過本書會建議設在以下位置。

### 如果你使用的是Windows系統

在「檔案總管」找到「文件」，然後從主選單上選擇「新資料夾」。在「文件」裡建立一個名稱為「yogalp」的資料夾。接著，在「yogalp」裡再建立三個資料夾，分別命名為「css」、「js」、「images」！

### 如果你使用的是 Mac 系統

在 Finder 找到「文件」，選擇「新增檔案夾」。在「文件」裡建立一個稱為「yogalp」的資料夾。接著，在「yogalp」裡再建立三個資料夾，分別命名為「css」、「js」、「images」的。

## 準備文字編輯器

製作登陸頁面時，最重要的是名為「文字編輯器」的工具。

構成登陸頁面的檔案內容，都是文字資料。而文字資料的集合就稱為「純文字資料」（text data）。為了往後的作業方便，我們需要一個能直覺的接觸「純文字資料」的工具。

> **Point** 如果是 Windows 系統，可使用「記事本」；如果是 Mac 系統，可以用「文字編輯」！
>
> 人們很容易因為找不到工具、無法準備等理由，就不經意的找藉口、裹足不前。首先，就讓我們使用現有的工具，往前邁進！如果讀者想要更好用、更時髦的工具，在此推薦使用第48頁介紹的、「Adobe」公司的免費工具。

## 準備網頁瀏覽器

連上網路、逛網站時，一般都會使用一種名為「瀏覽器」的工具。目前一般常用的瀏覽器有「Internet Explorer」、「Edge」、「Safari」、「Google Chrome」等幾種。雖然它們幾乎沒什麼不同，不過在本書，我們將使用能簡單嘗試「顯示手機畫面」功能的「Google Chrome」。

## 如何安裝Google Chrome

關於安裝方法，為了提升各位的檢索技能，請試著用以下的關鍵字來檢索。接著，請參考檢索結果當中，讓你覺得容易理解的頁面。

- 如果你使用的是Windows系統，請試著用「Windows Chrome 安裝 方法」來搜尋。
- 如果你使用的是Mac 系統，請試著用「Mac Chrome 安裝 方法」來搜尋。

或者，各位也可以用以下的關鍵字來檢索。
- 如果你使用的是Windows系統，請試著用「Windows Chrome

安裝 步驟」來搜尋。

・如果你使用的是Mac系統，請試著用「Mac Chrome 安裝 步
　驟」來搜尋。

　　總之，就是熟能生巧！接下來就讓我們踏出邁向程式設計的
第一步吧！

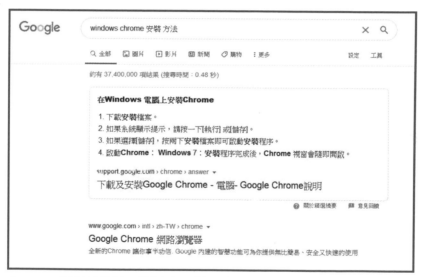

在Google搜尋引擎輸入關鍵字，就可查詢得到安裝方法。

# 6

# 頁面看起來很複雜，<br>其實架構只有三個

乍看之下，登陸頁面製作起來似乎很複雜，其實它只是由「文字」、「設計」、「動作」這三個元素構成的。

①文字：所謂的文字，是指瀏覽者要閱讀的文章。舉凡頁面上介紹的商品特性、使用商品後能獲得的未來理想樣貌等，都屬於文字。

②設計：所謂的設計，則是決定了文章、圖像要配置在頁面的哪裡，以及如何將文章裡想強調的字詞顏色、字型等細節加以變化。

最近不只是電腦，用手機瀏覽時也要讓瀏覽者容易理解內容，因此配置就很重要了，所以設計和登陸頁面密不可分。

③動作：是指想在登陸頁面添加「動作」時使用的。這裡所指的動作，並不是指從右到左移動的動作，而是指計算、顯示地圖、顯示影片這類動態。

動作不是登陸頁面的必要元素。不過，由於最近提供了具備

動作資訊的案件也越來越多，因此我就以第三個要素來說明。

## 掌管三大要素的技術

為了實現前述①至③的要素，以下的技術分別各自擁有對應上述三項要素的功能。

①文字（HTML）：主要負責決定文章、段落、資訊的彙整。

②設計（CSS）：負責決定所有的設計。沒有這項技術，就做不出外觀好看、漂亮的網頁了。

③動作（JavaScript）：負責支援動作的功能。這也是程式語言之一。

**零基礎寫程式**

☐ 網際網路是通訊方式，全球資訊網則是平時我們瀏覽的內容。

☐ 以程式設計為副業時，重要的是自行檢索的技能。

☐ 在網站中，種類和規模都各有差異。

☐ 登陸頁面需要三種功能。

# 練習1
# 範例檔案的顯示

請依照下方順序，一邊確認作業環境，看看是否正確的顯示，一邊往下進行！

## 步驟一：下載完成版檔案

下載網址：https://reurl.cc/R4NLEx

完成版的檔案會和Windows、Mac一起儲存在「下載（下載項目）」的資料夾中。請將儲存起來的壓縮檔移動到「文件」資料夾內（Windows、Mac系統的名稱相同）。

依據網際網路的通訊狀態，有可能無法下載。若有這個狀況，請稍待一段時間再嘗試看看。

## 步驟二：確認下載後的檔案內容

將下載的壓縮檔解壓縮之後，就會看到「proglp」這個資料夾。資料夾中會有以下四個資料夾（gymlp、letstry、yogalp、練習）。

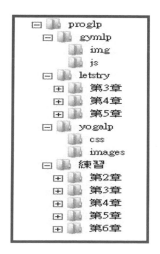

### 步驟三：確認作業資料夾

各位是否建立了第66頁說明過的「作業資料夾」？如果還沒建好，請參考第66頁的內容，建立作業資料夾吧！

### 步驟四　輸入示範的程式碼

啟動第67頁曾說明過的文字編輯器吧！如果啟動了，請以鍵盤輸入以下的示範程式碼。

```
<html><body>hello lp</body></html>
```

輸入完成後，再依照以下所示的檔名、儲存位置、形式存檔。

· 檔名：sample.html
· 儲存位置：文件/yogalp/（Mac亦同）

‧ 儲存形式（編碼）：UTF-8

接下來的練習，也都會以相同的方式輸入程式碼來儲存。

（請不要忘了將「UTF-8」指定到儲存形式〔編碼〕上！）
（以上畫面為Windows系統下的操作。）

## 步驟五　利用瀏覽器顯示

請利用檔案總管（若用的是Mac系統，則是Finder）從儲存
位置來查找已存檔的檔案「sample.html」。

找到之後，雙點擊「sample.html」。接著，就會啟動之前
在第69頁安裝好的Google Chrome瀏覽器。（初次使用Google
Chrome的讀者，若看到「選擇應用程式」的畫面，請點選
「Google Chrome」。）

```
hello lp
```

如果你輸入的範例程式碼，如左圖所示呈現在瀏覽器上，就是正確答案。這樣一來，寫程式的環境就準備完成了。接下來，就讓我們一起繼續學習吧！

## 如果進行得不順利，就和完成版比對一下吧！

本書中指導各位製作的登陸頁面，接下來就請動手輸入、來一一記住吧。為了以防萬一，我也在第72頁提到的下載頁面中，放了一個示範用的完成版檔案。

當你進行得不順利時，請拿它來和做好的檔案比對，確認一下哪裡做錯了。

### 零基礎寫程式

☐ 要記住檢索的方法！
☐ 注意在文字編輯器中儲存的格式！
☐ 要理解HTML、CSS、JavaScript各自的功能！

## 小筆記：關於「Let's Try」

在接下來的內容之中，「Let's Try」單元將會登場。這是為了讓讀者一邊動手、一邊學習技能所設計的，它將讓你獲得非常珍貴的體驗。當「Let's Try」標題出現時，就請你再次重新閱讀這一頁。屆時，你就能更輕易理解了。

### ①確認「Let's Try」用的作業資料夾

確認「Let's Try」使用的作業資料夾，是否建立為「文件/lptry（Mac亦同）」。若還沒建立好，請參考第66頁的內容建立作業資料夾。

### ②輸入「Let's Try」的程式碼

之後遇到「Let's Try」單元時，請啟動文字編輯器，用鍵盤輸入「Let's Try」之中的程式碼。

### ③輸入完成後，存檔

程式碼輸入完成後，請依照以下的條件儲存檔案：

- 檔名：頁碼.html（例：如果是第93頁的「Let's Try」，就是「093.html」）
- 儲存位置：文件/lptry（Mac亦同）

・儲存形式：UTF-8

### ④利用瀏覽器顯示，確認是否順利完成

用瀏覽器檢視Let's Try的成果，圖中為第102頁的
Let's Try結果。

## 第三章

# 製作頁面的骨架，置入文字和圖像

# 1

# 用HTML指定網頁文章結構

製作網站頁面時不可或缺的工具之一，就是「HTML」。本節將帶各位一起了解它的功能！

網站頁面、登陸頁面，都要透過瀏覽器顯示。這時候，我們必須告訴瀏覽器以下內容：「文章的這個部分要分段喔」、「這是標題喔」、「會有個像是EXCEL的表格喔」、「有圖像喔」、「可以跳轉到其他頁面喔」等。

## 世界共通的語言「HTML」

指定文章功能的共通語言，就是超文本標記語言（HyperText Markup Language，以下簡稱HTML）。雖然有許多人都聽過它，但應該有不少人不懂它的意義吧？

首先，「HyperText」是什麼？當我們點擊了網頁上「〇〇請按這裡」的按鈕或連結後，就會跳轉到其他網頁——你應該也曾有類似的經驗吧。儘管大家都沒有意識到自己每天都在使用它，但HyperText就是一個能夠相互跳轉的功能。

所謂「Markup」，是指利用稱為「標籤」（tag）的世界共通、既定的文字，以便讓瀏覽器能夠理解的方式。

「Language」則是語言的意思。提到語言，或許對程式設計有興趣的讀者，會聯想到「Java」、「C語言」、「Python」、「PHP」這些令局外人費解的詞彙。

然而，和這些程式語言相比，HTML無論在記憶或使用上，都顯得非常簡單。繼續閱讀本書，你應該就能立即解讀了。

---

**Memo 世界共通？這是誰決定的？**

HTML是由名為全球資訊網聯盟（W3C）的機構所確立的規範（工具）。所謂W3C，是其英文名稱「World Wide Web Consortium」的簡稱，許多大學、研究機構，包含微軟（Microsoft）等軟體企業都參與其中。HTML的規範有不同版本，例如2.0、3.2、4.01……就像這樣，HTML曾經多次改版，增加新功能，也整頓了不合時宜的功能。

比方說，HTML 2.0就追加了標題、段落、像EXCEL的表單形式（table）等功能。3.2追加了設計功能。不過，由於導入了設計功能，因而移除了HTML原本的文書處理功能，而後4.0就被要求淘汰設計功能。到了4.01，則追加了讓所有使用者都能使用的工具。現在的最新版本是HTML 5.0。未來，或許它也將會一次又一次不斷更新。

此外，本書中會出現HTML和html兩種寫法。HTML是指程式語言本身（名詞），而html則是和程式碼有關，藉此區分。

# 2

# 表示文章結構的「符號」

用HTML寫程式時，需要用一種符號，來告訴電腦「這是圖像」、「這是文字」、「這是商標」。我們將這種符號稱為「標籤」（Tag）。

## 在HTML中標示文章結構的符號 —— 標籤

我在上一篇說過：「HTML是指定文章結構的語言。」那麼，要怎麼做才能標示出文章中不同的結構與元素？

方法就是透過稱為「標籤」（tag）的符號。

寫標籤時，要遵守四個簡單的規則。這些規則如下：

①利用「<」和「>」將英數半形的標籤名稱包起來。

②用「< >」包起來的名稱，稱為「開始標籤」（如：<p>）。

③如果把開始標籤名稱的前方，多加個「/」（半形斜線），就變成了「結束標籤」（如：</p>）。

④有時可以省略結束標籤。

**標籤的寫法**

以下就是利用 p ，加上「＜」與「＞」這兩個符號，以用於標示「一個文章段落」的範例。開始標籤和結束標籤會成對顯示。用開始標籤和結束標籤夾起來的文字塊，就稱為「元素」。

在以下例子中，就會形成「p」的元素。

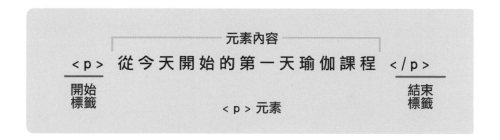

**指定細節的「屬性」**

有些狀況下，僅僅使用標籤，無法表示出細節。這時候，就要使用「屬性」，來對標籤附加更詳細的資訊。

比方說，若寫出 <img src="image.png">，就是用src屬性，告訴系統 img 這個圖像檔檔名與路徑是什麼。就像這樣，屬性會對一個標籤要顯示的元素內容，產生決定性的影響。

**屬性的寫法**

在開始標籤名稱的後面放入一個半形空白，寫上「屬性名

稱」。接著，繼續輸入「＝」（等號）。在等號之後，輸入「""」
（雙引號），「""」之間再輸入想要指定的資訊或值（屬性值）。

```
<img src = "image.png" alt = "第一天瑜伽課程">
 元素 屬性          屬性值        屬性          屬性值
      名稱                       名稱
```

　　如上所示，也可以寫出兩個屬性，有時也會寫出三個至四
個。此外，各屬性的順序並沒有硬性規定。

# 3

HTML的架構，就像大箱子裡放小箱子

HTML的構造極為單純。就像是HTML這個「大箱子」，裡頭裝了兩個「小箱子」這樣的概念！

## HTML的基本架構，用「箱子」來記憶

HTML有基本的架構。無論要製作什麼樣的登陸頁面或網頁，都要從基本架構開始。

那麼，到底是怎麼樣的架構？

請想像有一個名為「html」的大箱子。

接著，再想像「html」這個大箱子裡，上、下一共放了兩個小箱子。

上方的小箱子稱為「檔頭（head）資訊」，而下方的小箱子則稱為「主體（body）資訊」。

所謂「檔頭資訊」，是為了讓電腦迅速理解「這是什麼樣

的頁面」。舉例來說，就是「頁面的標題」或「語言（日語、英語、西班牙語等）」這類資訊。

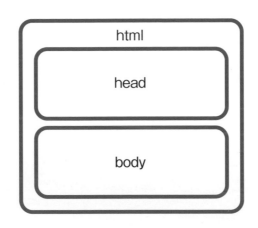

　　檔頭資訊，可以幫助我們常用的網路瀏覽器或「Google」這樣的搜尋服務，立刻理解網頁內容。

　　當我們瀏覽網頁時，會看到文章、圖像、影片等。裝著這部分資訊的箱子，就稱為「主體資訊」。

## 大箱子和兩個小箱子是指？

　　統整一下目前為止提到的內容：

①檔頭資訊，是裝著「要讓電腦看見的資訊」的箱子。

②主體資訊，是裝著「要讓瀏覽者看見的資訊」的箱子。

③html這個大箱子則是裝著檔頭資訊和主體資訊、不讓兩個

箱子散亂無章。

請想像成如下方的圖片來記憶吧！

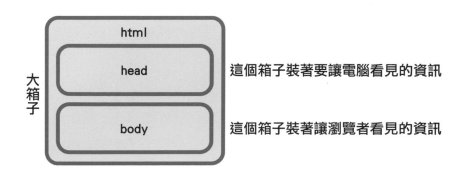

平時，我們用電腦或手機瀏覽的頁面上，給電腦看的資訊都隱藏起來了。就像我們透過手機，就能輕易的用 QR Code 結帳一樣，雖然我們看不懂，但其實背後有許多資訊正交換著。

# 4

## 學習HTML的 24 個常用標籤（前篇）※後篇請參考第155頁

在製作登陸頁面時，至少要記以下幾個HTML標籤。雖然我認為很難在這一節就馬上記起來，不過在目前這個階段，請各位先理解「原來有這些標籤」就好。

## 指定結構、資訊的標籤有 19 個

如以下所列，標籤可以大略分為「基本結構」、「電腦用的資訊」、「人們瀏覽時用的資訊」等三類。

### ・基本結構

&lt;!DOCTYPE html&gt;：告訴電腦，這份文件請用HTML格式來解讀。

&lt;html&gt;：這個標籤會用來包住整份HTML網頁文件（準備大箱子）。

<head>：指定要告訴電腦的資訊。

<body>：指定要傳達給閱覽者的資訊。

## ・電腦用的資訊

<meta>：存放一些整份文件的補充資訊，例如：<meta name="keywords" content="瑜伽"> 可以指定本文件的關鍵字。

<title>：指定本網頁的標題，如「XX 瑜伽教室首頁」。

<header>：網頁的「頁首」標籤，可用來包住導覽列、登入鈕等。

<main>：網頁的「主文」標籤。

<footer>：網頁的「頁尾」的標籤，可用來包住註腳、版權宣告……等。

## ・人們瀏覽時用的資訊

<h1>～<h6>：用來包住字體最大的主標（h1），一直到字體最小的小標（h6）。

<p>：用來標示一個段落。

<br>：換行。

<blockquote>、<q>：用來包住「引言」的標籤。

<big>、<small>、<strong>：改變文字的大小、粗細等。

<ul>：用來包住一連串的「項目符號」。

<img>：用來包住一個「圖片」。

&lt;a&gt;：用來包住一個可以跳往其它頁面的「超連結」。

&lt;div&gt;：用來指定一個「排版區塊」。

&lt;input type="button"&gt;：在網頁上，顯示一個可以點擊的「按鈕」。

## 不慌不忙、一個一個記起來吧！

這類 HTML 標籤，正在以日新月異的速度不斷進化、增加。舉凡新技術的登場，或是擴大、展開新服務，都可能追加創造出前所未有的 HTML 標籤。然而，只要記住本書介紹的基本標籤，你就能學會最低限度所需的 HTML 技術。

從下一節開始，我將逐一說明各個標籤，請放鬆心情、別慌張，和我一起往下學習吧！

# 5

# 設定網頁中「開始的宣告」和「指定大箱子」

寫HTML時，首先要在最上方寫出這兩個元素，然後再開始。無論要製作什麼樣的網站，全都是從這一步開始！

## 為何需要「開始的宣告」？

正如我在第81頁告訴各位的，HTML到目前為止已經改版過許多次，存在著好幾種版本。因此，我們需要宣告：「接下來要製作的頁面，屬於這個版本喔。」

### ・如何提出宣告？

```
<!DOCTYPE html>
```

現在的主流版本是HTML 5，所以要如上方程式碼一樣提出宣告。利用HTML寫程式碼（用程式語言來描述的文字）時，這個宣告一定要放在最上面。

> **Point**
>
> 　要留意大寫、小寫混雜在一起的部分！

# 為何需要表示大箱子的標籤？

　如上一篇所說，為了不讓「電腦要理解的資訊」和「瀏覽者要看的資訊」混在一起，我們需要先指定一個大箱子，好容納電腦與瀏覽者要看的資訊。

## · <html> 標籤的寫法

　<html>～</html>

　此外，因為要告知大箱子裡要使用的語言是「日語」，所以要在開始標籤上追加「lang="ja"」的屬性。（按：臺灣繁體中文則為「lang="zh-Hant-TW"」。）

　<html lang="ja">

　換言之，基本上就會寫成以下這樣的程式。

　<html lang="ja"></html>

　這個標籤必須寫在<!DOCTYPE html>下方，是一定要放進程式碼裡的。

# Let's Try 宣告開始和指定「大箱子」

請用下方的HTML程式碼，在文字編輯器輸入「開始的宣告」和「指定大箱子」，再顯示在瀏覽器上吧！

宣告標籤 <!DOCTYPE> 與大箱子標籤 <html> 的完整寫法

```
<!DOCTYPE html>
<html lang="zh-Hant-TW">
</html>
```

在瀏覽器中顯示的結果

因為只做了大箱子，所以瀏覽器上「什麼都沒有顯示」才是正確答案。

# 6

# 在HTML指定「兩個小箱子」

在網頁的 HTML 這個大箱子裡，需要兩個「小箱子」！

## 「檔頭資訊」是給電腦看的

為了不讓電腦理解錯誤、並做出正確的動作，人類需要更貼近電腦。

這也和製作登陸頁面時的道理相同。為了一開始就讓電腦正確的理解，就必須給予必要的資訊。

### ・表示「檔頭資訊」的標籤：

```
<head>～</head>
```

我們要在一開始就讓電腦理解一些基本資訊，例如「正在使用什麼樣的文字？」、「是什麼樣的標題？」。更多相關細節，之後會繼續為各位說明。

# 「主體資訊」是給人看的

電腦和人類的理解方式不同。電腦擅長理解排列得井井有條的資訊；另一方面，如果沒有「文字和文字之間的留白」或「換行」這樣的格式，瀏覽者就無法順暢的理解。

就像「檔頭資訊」是適合電腦理解的資訊一樣，這次我們需要利用「主體資訊」來指定適合瀏覽者理解的資訊。

### ・表示「主體資訊」的標籤：

```
<body>～</body>
```

文章容易閱讀的程度，會因文字的大小、排列方式，以及是否有圖像而改變。為了讓資訊容易閱讀、也更好理解，就要指定詳細說明的資訊。

# Let's Try 指定「兩個小箱子」

請試著寫出如下頁的程式碼，再透過瀏覽器顯示、並一一確認吧！

## 包含「檔頭」和「主體」的網頁程式碼

```
<!DOCTYPE html>
<html lang="zh-Hant-TW">
<head></head>
<body>yoga studio OPEN! </body>
</html>
```

（按：因臺灣讀者的操作環境多為繁體中文，此處改為 "zh-Hant-TW"）

## 在瀏覽器中顯示的結果

```
yoga studio OPEN!
```

順序是「檔頭資訊」→「主體資訊」。

這兩個元素，要同時放進大箱子 `<html lang="zh-Hant-TW">` 和 `</html>` 的中間。

---

### 零基礎寫程式

□ HTML是世界共通語言。
□ 想像一下有大箱子和小箱子的畫面吧！
□ 有「給電腦看的資訊」，也有「給瀏覽者看的資訊」。

# 7

# 放進「第一個小箱子」的字元編碼和標題

第一個小箱子裡頭，需要指定「字元編碼」和「標題」這兩個元素。

我曾在第 85 頁解說過，大箱子裡裝著兩個名為「檔頭資訊」和「主體資訊」的小箱子。那麼，小箱子裡頭又各自裝著什麼樣的元素？

在此，我們先看看第一個小箱子「檔頭資訊」裡要存放的元素吧！

## 不指定字元編碼，當心網頁全是亂碼

先前我曾提過，檔頭資訊是裝著電腦用的資訊的箱子。而這裡所謂的電腦用的資訊，可以分成兩類。

第一類是「字元編碼」。如果不輸入，網頁內容就可能會變成亂碼，所以請務必要使用接下來介紹的宣告。

### ‧表示「字元編碼」的宣告

```
<meta charset="UTF-8">
```

這份宣告對電腦傳達了一件事：大箱子裡的資訊正被名為「UTF-8」的文字形式保存著。若要詳細說明這部分的知識，內容會變得很艱澀，因此請先直接記下這個宣告。

## 標題讓瀏覽者知道正在看什麼網頁

第二類的「電腦用的資訊」是「標題」。

打開瀏覽器後，畫面上方會出現「分頁頁籤」，上頭寫著文字。舉例來說，當我們打開了Google的首頁，頁籤內一定會顯示著「Google」。這就是標題。只要看見標題，我們就能一眼看出現在瀏覽器正顯示著什麼樣的網頁。

### ‧表示「標題」的標籤：

```
<title>～</title>
```

此外，當你製作登陸頁面時，請先記住：一定要指定「字元編碼」和「標題」。

# Let's Try 設定字元編碼和標題

請試著寫出如下的程式碼，再透過瀏覽器顯示、確認！

### 追加資訊和標題的 HTML

```
<!DOCTYPE html>
<html lang="zh-Hant-TW">
<head><meta charset="UTF-8"><title>瑜伽工作室開幕</title></head>
<body>瑜伽工作室〇月〇日（日）開幕！ 月費2,500日圓</body></html>
```

### 在瀏覽器中顯示的結果

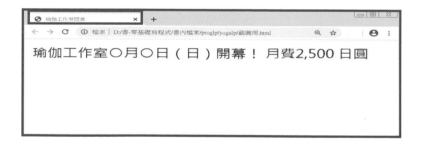

只要標題顯示出來，就是成功了。

順序是「字元編碼」→「標題」。這兩個元素，要同時放進「檔頭資訊」（`<head>`～`</head>`）之間。

# 8

# 「第二個小箱子」則要分三個部分來指定

在第二個小箱子裡頭，則需要指定<header>～</header>、<main>～</main>、<footer>～</footer>這三個部分！那麼，接下來就繼續說明第二個小箱子（<body>～</body>）的相關內容！

先前曾在第86頁提過，主體資訊這個箱子，是裝著要讓瀏覽者看的資訊。這個部分，正是諸如文字、圖像、影片等，這類我們平時透過瀏覽器看見的內容。

因此，相對於上一篇所介紹的，第一個小箱子裡裝的要素只有「字元編碼」和「標題」，第二個小箱子裡裝的元素，則會因應想製作的頁面而大幅改變。

## 為何要分成三個區域？

顯示網頁的顯示器，如果只在電腦上瀏覽也就罷了，但現在還可以用手機、平板等裝置瀏覽網頁。如你所知，它們各自的畫

面大小、長寬比率都會因為廠牌、機種而各有差異。為了藉由設計來彌補這個差異，我們必須先指定表示三個區域的標籤。

### ・表示頁首區域的標籤：

&lt;header&gt;～&lt;/header&gt;

請將它作為指定網頁的標題、商標等元素的區域來使用！

### ・表示內容區域（本文）的標籤：

&lt;main&gt;～&lt;/main&gt;

請將它作為指定網頁的本文的區域來使用！

### ・表示頁尾區域的標籤：

&lt;footer&gt;～&lt;/footer&gt;

這部分經常作為包住網頁底部「頁尾」區域的文字來使用。

## Let's Try 一起分成「三個區域」來設定

請試著寫出如下頁的程式碼，再利用瀏覽器確認吧！

## 三個區域的 HTML

```
<!DOCTYPE html>
<html lang="zh-Hant-TW">
<head><meta charset="UTF-8"><title>瑜伽工作室開幕</title></head>
<body>
<header>瑜伽工作室○月○日（日）開幕！月費2,500日圓</header>
<main>其實，三十多歲以上的人正開始練瑜伽。</main>
<footer>(C)2019 hibi-yoga-studio.</footer>
</body>
</html>
```

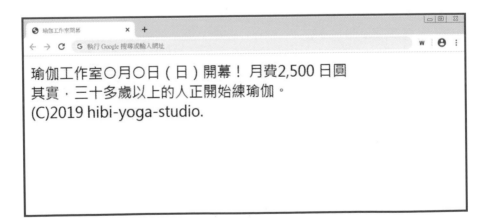

# 9

# 用些小技巧，
# 讓程式碼更容易閱讀

程式碼如果寫得越長，就會越難閱讀。因此，藉由一種名為「文字縮排」的方式，就能讓視覺上更容易閱讀。

## 在視覺上容易閱讀有什麼好處？

看著目前為止做出來的HTML內容，你是否會覺得英文字散亂無章，因而焦躁不堪？今後程式碼如果越寫越長，可真不知道會變成結構如何的程式設計了。所以，我們要費心做「文字縮排」（indent）。

所謂縮排，就是「讓文字縮進來」。藉由在各行開頭輸入空白鍵（半形空白），就能在層級上改變散亂無章的行列，再呈現出來。加入文字縮排，不僅能提高視覺辨認度，也更容易理解自己寫的內容。

此外，網頁會不斷更新，之後再回頭檢視時，縮排也可以幫你縮短作業時間，讓我們一眼就看懂，用相同報酬，還能有更多

時間享受其他事情。

接下來就請實際比對看看吧！

## 沒有縮排的 HTML

```
<!DOCTYPE html>
<html lang="zh-Hant-TW">
<head>
<meta charset="UTF-8">
<title>瑜伽工作室開幕</title>
</head>
<body>
<header>瑜伽工作室○月○日（日）開幕！</header>
<main>深受三十多歲以上的人歡迎。</main>
<footer>(C)2019 hibi-yoga-studio.</footer>
</body>
</html>
```

## 有縮排的 HTML

```
<!DOCTYPE html>
<html lang="zh-Hant-TW">
<head>
  <meta charset="UTF-8">
  <title>瑜伽工作室開幕</title>
```

```
</head>
<body>
  <header>瑜伽工作室〇月〇日（日）開幕！</header>
  <main>深受三十多歲以上的人歡迎。</main>
  <footer>(C)2019 hibi-yoga-studio.</footer>
</body>
</html>
```

如何？程式碼縮排之後，就更容易理解文字的層級。

## 有效運用縮排，節省查找時間！

縮排時要使用的空白間隔數量雖然沒有硬性規定，不過我個人偏好「兩個半形空格」。

使用縮排時，有個方法是使用鍵盤偏左上方的「tab」鍵。換層級時，一次就按一下「tab」鍵。只要這麼做，就不需要按好幾次空白鍵，十分方便。

此外，或許有讀者看了範例之後有些在意，在<html>這個大箱子裡的<head>和<body>並沒有縮排。如果要讓這兩個層級加上縮排，也是可以的。

不過，若層級增加了，文字又會變得難以閱讀，因此本書都固定將<head>、<body>和<html>排列在一起。

# 10

# 如何顯示特殊符號？

有時我們也會在文字裡使用「＜」、「＞」、「\」這類的特殊符號，在撰寫程式碼時又該怎麼做？在此就為各位解說！

## 為了呈現完整的內容，有時也需要顯示特殊符號

有時候，我們會在網頁的文章裡使用符號。如果符號和漢字同樣是使用全形文字，就沒有問題。然而，如果客戶指示「請別使用全形文字」，我們又不知道該如何顯示特殊符號，就會焦慮起來。

什麼是特殊符號？當我們要顯示特別的符號時，要使用特殊的語法，才能在網頁上顯示特殊符號。

特殊符號會讓記述的內容與在瀏覽器顯示出來的時候，看起來不一樣。例如，寫了「&amp;」這個程式碼，在瀏覽器顯示出來後，就是「&」。

## ・特殊符號的書寫方式

### &關鍵字;

規則是從「&」（在程式設計業界，&不讀作and，而是 ampersand）開始，指定特殊符號的關鍵字之後，再以「;」（讀作 semicolon）來作結。

### 特殊符號一覽表

| | | | | | |
|---|---|---|---|---|---|
| < | &lt; | ± | &plusmn; | ♥ | &hearts; |
| > | &gt; | ² | &sup2; | ♦ | &diams; |
| " | &quot; | ³ | &sup3; | ≠ | &ne; |
| © | &copy; | ™ | &trade; | 〒 | &#12306; |
| ® | &reg; | ♠ | &spades; | ㈱ | &#12945; |
| ¥ | &yen; | ♣ | &clubs; | （株） | &#12849; |

除了這些以外，還有其他的特殊符號。請試著利用「HTML 特殊符號」來檢索。

# Let's Try 加入特殊符號

請試著寫出如下方的程式碼，再利用瀏覽器確認！如果底部 顯示出版權記號©，就表示成功了。

## 指定了特殊符號的 HTML

```
<!DOCTYPE html>
<html lang="zh-Hant-TW">
<head>
  <meta charset="UTF-8">
  <title>瑜伽工作室開幕</title>
</head>
<body>
  <header>瑜伽工作室〇月〇日（日）開幕！ 月費 2,500 日圓</header>
  <main>其實，三十多歲以上的人正開始練瑜伽。</main>
  <footer>&copy;2019 hibi-yoga-studio.</footer>
</body>
</html>
```

## 在瀏覽器中顯示的結果

瑜伽工作室〇月〇日開幕！ 月費 2,500 日圓
其實，三十多歲以上的人正開始練瑜伽。
©2019 hibi-yoga-studio.

### 零基礎寫程式

☐ 請不要忘記，務必要寫上字元編碼「UTF-8」。
☐ 先將三個區域記起來吧！
☐ 只要注意縮排，對於學習其他程式語言也很有幫助。

練習2

# 指定字元編碼，放進特殊符號和縮排

請依照以下順序，製作瑜伽工作室開幕的網路廣告雛形吧！

## 步驟一：做準備！

啟動文字編輯器之後，首先輸入「宣告」和「大箱子」吧！

```
1  <!DOCTYPE html>
2  <html lang="zh-Hant-TW">
3  </html>
```

輸入完成後，請先儲存起來。儲存位置的資訊如下。

▶檔名：yoga-sudio-lp.html

▶儲存位置：文件 /yogalp（Mac 亦同）

▶儲存形式：utf-8

（對於儲存方法覺得些許不安時，可回頭複習一下第73頁的內容。）

### 步驟二：將兩個小箱子放入大箱子裡吧！

```
4  <head></head>
5  <body> </body>
```

### 步驟三：設定給電腦判讀的資訊吧！

```
6  <meta charset="UTF-8">
7  <title>瑜伽工作室開幕</title>
```

### 步驟四：輸入讓瀏覽者閱讀的資訊吧！

```
8   <header>
9   瑜伽工作室○月○日（日）開幕！月費2,500日圓
10  </header>
11  <main>
12  其實，三十多歲以上的人正開始練瑜伽。
13  體質有了改變的會員心聲
14  肩膀不再僵硬了（三十多歲）最近不會閃到腰了！（四十多歲）
15  可以期待的效果！
16  針對突出的小腹！
17  </main>
18  <footer>
19  &copy;2019 hibi-yoga-studio.
20  </footer>
```

如果做到這一步，就儲存起來。利用檔案總管（Mac則是Finder）就可從儲存位置找到儲存的檔案「yoga-sudio-lp.html」。找到檔案，雙點擊之後，瀏覽器就會顯示出以下的內容。

## ・核對答案

請確認自己用瀏覽器顯示的結果，是否如下圖所示吧！

瑜伽工作室○月○日(日)開幕！月費2,500日圓
其實，三十多歲以上的人正開始練瑜伽。 體質有了改變的會員心聲
肩膀不再僵硬了（三十多歲）最近不會閃到腰了！（四十多歲） 可
以期待的效果！ 針對突出的小腹！
©2019 hibi-yoga-studio.

（寬度會因你的使用環境而有差異，所以文章的折行處未必會相同。）

如果沒有顯示出同樣的畫面，請懷著玩「找錯遊戲」的心情，仔細檢視自己在文字編輯器裡輸入的內容，相信必定會發現不一樣的地方。

顯示出來之後，就加上讓文字更容易閱讀的「縮排」處理。就會像正確程式碼答案一樣，加上了縮排，閱讀起來就更容易了。

## 零基礎寫程式

□ 大箱子和其中裝的兩個小箱子很重要。
□ 盡可能藉由指定字元編碼的方式，讓電腦不出錯！
□ 三個區域對人類來說，也會更容易理解。
□ 利用特殊符號來提升表現力！
□ 縮排要針對易讀性來思考！

### ・課題 2 的正確程式碼答案

```
1   <!DOCTYPE html>
2   <html lang="zh-Hant-TW">
3   <head>
4     <meta charset="UTF-8">
5     <title>瑜伽工作室開幕</title>
6   </head>
7   <body>
8     <header>
9     瑜伽工作室〇月〇日（日）開幕！ 月費 2,500 日圓
10    </header>
11    <main>
12    其實，三十多歲以上的人正開始練瑜伽。
13    體質有了改變的會員心聲
14    肩膀不再僵硬了（三十多歲）最近不會閃到腰了！（四十多
      歲）
15    可以期待的效果！
```

```
16   針對突出的小腹！
17   </main>
18   <footer>
19   &copy;2019 hibi-yoga-studio.
20   </footer>
21   </body>
22   </html>
```

# 11

# 用次標題突顯重要字詞

瀏覽網頁時，主標題和次標題的字級並不相同，對吧？在這裡，我們要學習加上次標題的方法！

在文章裡，有些部分希望吸引讀者注意。看看報章雜誌，也會有一些用較大、較粗的字寫成的部分。同樣的，在登陸頁面的文章裡，也需要導入一些機制，對於希望吸引目光的部分（標題），指定重要程度，讓文字映入眼簾。

## 標題的重要程度是指？

標題包含以下的重要程度。只要用對話的情景來想像，應該就很容易了解。

・重要程度最高：希望以大音量、強而有力的說話，讓對方注意到。

・重要程度次高：希望以中等音量、強而有力的說話，在過程中強調差異。

‧重要程度中等：希望以平常的聲音、強而有力的說話，恢復對方似乎要中斷的專注力。

舉例來說，當你在工作上簡報時，會先說：「今天的主題是○○！」這樣的句子，就是重要程度最高；「那麼，請看第一個主題○○」，則是重要程度次高；「我將說明三個重點」，則是重要程度中等。

和說話時一樣，文章也是依傳達的場合與詞彙來決定重要程度。

那麼，讓我們一起看看表示重要程度的方法吧！

‧重要程度最高：<h1>～</h1> → 常使用於主要大標題。
‧重要程度高：<h2>～</h2> → 常使用於對話的區隔。
‧重要程度中：<h3>～</h3> → 需要在h2裡做區隔時。
‧重要程度小：<h4>～</h4> → 想要在h3裡分割時。
‧重要程度低：<h5>～</h5> → 只想在h4裡稍微強調時。
‧重要程度極低：<h6>～</h6> → 想在h5裡強調時。
（「h」是小標題（heading）的簡稱。）

一般經常使用的是<h1>、<h2>到<h3>為止。這次說明了六個種類的標籤，但一開始只要先記住經常使用的三個就好。

## 指定標題重要程度時，要注意幾件事

在指定次標題時，有些地方要先留意。那就是：操作方法和我們平時常用的微軟「WORD」寫文章時相反。

如果是微軟的WORD，當我們想將文字調大時，會將文字的級數調大；想將文字調小時，會將文字的級數調小。

在使用WORD，想要改變的文字大小，和實際上指定文字大小的級數增減是一致的，因此我們能夠直覺的處理（數字增加就是文字變大）。

但如果是HTML：

・想將文字調大時 → 讓標籤的數值下降（比起h2，h1的文字尺寸較大）。

・想將文字調小時 → 讓標籤的數值上升（比起h2，h3的文字尺寸較小）。

那麼，請試著利用以下的指定方法，來確認差異吧。

## Let's Try 設定次標題

請試著寫出下方的程式碼，再透過瀏覽器確認。

## 標題的 HTML

```
<!DOCTYPE html>
<html lang="zh-Hant-TW">
<head>
<meta charset="UTF-8">
<title>瑜伽工作室開幕</title>
</head>
<body>
<h1>瑜伽工作室近期開幕！（使用h1時）</h1>
<h2>瑜伽工作室近期開幕！（使用h2時）</h2>
<h3>瑜伽工作室近期開幕！（使用h3時）</h3>
<h4>瑜伽工作室近期開幕！（使用h4時）</h4>
<h5>瑜伽工作室近期開幕！（使用h5時）</h5>
<h6>瑜伽工作室近期開幕！（使用h6時）</h6>
瑜伽工作室近期開幕！（不設定次標題時）
</body>
</html>
```

## 在瀏覽器中顯示的結果

瑜伽工作室近期開幕！（使用h1 時）

瑜伽工作室近期開幕！（使用h2 時）

瑜伽工作室近期開幕！（使用h3 時）

瑜伽工作室近期開幕！（使用h4 時）

瑜伽工作室近期開幕！（使用h5 時）

瑜伽工作室近期開幕！（使用h6 時）

瑜伽工作室近期開幕！（不設定次標題時）

117

以相同的文字為基礎，藉由附加上各自的標題字級，就能清楚的看出彼此之間的差異了。

## Memo　能在商務場合使用的「次標題」思考方式

即使在平時的商務場合上，也是可以活用次標題的思考方式。製作商業文書資料時，有時候會讀到內容清楚易懂的文書內容，但也會碰到無論反覆讀了幾次，都無法理解內容的狀況。

像這兩種文書內容的差異，經常與是否巧妙使用次標題有關。因為商務文書和登陸頁面都一樣，重點在於只需要挑著讀標題，就能大略了解文書整體內容。

若你經常要在商務場合製作提案書、企劃書等文件，請在寫出全部的內容之前，先試著只寫出標題，確認一下是否能想像出整體內容。

接著，依序完成了想到的標題之後，再往下為各個標題撰寫內容，主題就不會走偏，能持續朝向結論邁進。最後，就完成了在商務場合中，眾人都期待的「有邏輯、又十分好理解的文章」。

# 12

# 善用段落和換行，更容易閱讀

在寫文章時，段落和換行也十分重要。而在 HTML 裡，就是用 \<p>、\<br> 來各自指定每一個標題！

## 寫文章和做網頁一樣，
## 都要分段、換行才好閱讀

文章是由好幾段內容組成的。如果只是散亂的接續每一段內容，文章就毫無節奏可言。不僅得逐字逐行的閱讀，十分痛苦，讀者也可能讀到一半就放棄。

要解決這個問題，就得靠「段落」。段落會將整篇文章分隔成好幾個文字區塊。

### ・表示段落的標籤：

```
<p></p>
```

同樣的，如果一段文章很長，逐字閱讀時讀起來就會很痛

苦。因此，在適當的地方回到下一行的開頭，就是換行。

### ·表示換行的標籤

<br>　（<br>不需要結束標籤。）

# Let's Try 設定段落和換行

請試著寫出下方的程式碼，再透過瀏覽器確認。

**段落和換行的 HTML**

```
<!DOCTYPE html>
<html lang="zh-Hant-TW">
<head>
  <meta charset="UTF-8">
  <title>瑜伽工作室開幕</title>
</head>
<body>
<p>肩膀不再僵硬了（三十多歲）<br>成功瘦了15公斤（四十多歲）<br>
變得積極樂觀了。（三十多歲）</p>
<p>針對突出的小腹！<br>肌膚變美<br>改善肩膀僵硬、手腳冰冷</p>
</body>
</html>
```

**在瀏覽器中顯示的結果**

> 肩膀不再僵硬了（三十多歲）
> 成功瘦了15 公斤（四十多歲）
> 變得積極樂觀了。（三十多歲）
>
> 針對突出的小腹！
> 肌膚變美
> 改善肩膀僵硬、手腳冰冷

## 換行要換多少次？感覺「似乎有點多」的時候就對了

因應不同瀏覽的環境，換行給人的感覺也會有所不同。比方說，如果使用桌上型電腦，畫面會較寬，因此即使是橫向、走文稍長的文章，閱讀時也不會感到不便。然而，當瀏覽環境改變、或是使用手機來瀏覽時，畫面就較小，也沒有橫軸可捲動。

登陸頁面、部落格這類文章，如果是預設經常用手機來瀏覽，就請增加換行次數，增加到感覺起來「似乎有點多」的程度，就差不多了！

# 13

# 添加摘錄、引用其他文章和資訊，更容易讓人信服

閱讀網路文章時，如果讀到一半出現了摘錄和引用，我們常會感覺「喔！原來如此」吧？這些就是用<blockquote>、<q>來編寫的！

## 置入摘錄、引用可靠數據，能增加可信度

除了自己調查後所寫出的文章之外，刊載第三方的研究結果、評價內容作為佐證以提高文章可信度，這對於登陸頁面來說是必要的元素。無論再怎麼強調商品是「日本第一」，如果沒有證據，就無法讓人信賴。為了讓讀者相信，摘錄、引用是很重要的。

關於摘錄和引用，有以下兩種表現方法。

①原封不動的使用部分文章內容：

例如，顧客心聲：「過去工作時無法忍受的肩膀僵硬，如今

已經消失了。不但如此，我連姿勢都調整過來了，有時還會被別人誤認，說我比實際年齡小了五歲呢！」

②擷取文章的一部分，放入自己的文章裡：

例如，前些日子聽到顧客說：「有時還會被別人誤認，說我比實際年齡小了五歲！」

· **表示摘錄、引用的標籤：**

<blockquote>～</blockquote>

→請參考前述的①的使用方法。

<q>～</q>

→請參考前述的②的使用方法。

# Let's Try 設定摘錄和引用

請試著寫出下方的程式碼，再透過瀏覽器確認。

**摘錄和引用的 HTML**

```
<!DOCTYPE html>
<html lang="zh-Hant-TW">
<head>
  <meta charset="UTF-8">
  <title>瑜伽工作室開幕</title>
</head>
<body>
```

<p>顧客心聲：<blockquote>過去工作時也無法忍受的肩膀僵硬，如今已經消失了。不但如此，我連姿勢都調整過來了，有時還會被別人誤認，說我比實際年齡小了五歲呢！</blockquote></p>
<p>hibi-yoga瑜伽工作室前些日子聽到顧客告訴我們：
<q>「有時還會被別人誤認，說我比實際年齡小了五歲！」</q>這樣的心聲。</p>
</body>
</html>

## 在瀏覽器中顯示的結果

顧客心聲：

　　過去工作時也無法忍受的肩膀僵硬，如今已經消失了。不但如此，我連姿勢都調整過來了，有時還會被別人誤認，說我比實際年齡小了五歲呢！

hibi-yoga瑜伽工作室前些日子聽到顧客告訴我們："「有時還會被別人誤認，說我比實際年齡小了五歲！」"這樣的心聲。

# 14

# 用文字尺寸和強調凸顯重點

想要讓內容更易於閱讀，有時也需要改變文字尺寸，或是用粗體字強調。這些都可以用 <big>、<small>、<strong> 來指定。

比文章裡周圍的文字，大了一個字級、粗了一些 —— 若以對話來舉例，這樣的做法就像是把聲音稍微放大一點、用帶有熱情的話語傳遞的感覺；相反的，不凸顯較不重要的單字，就像用小音量來傳遞，文章就會感覺清爽一些。

**· 強調文字尺寸的標籤：**

<big>～</big>

→ 讓文字往上加大一級。

<small>～</small>

→ 讓文字往下縮小一級。

<strong>～</strong>

→ 讓文字加粗，加以強調。

# Let's Try 設定文字的尺寸和強調文字

請試著寫出下方的程式碼，再透過瀏覽器確認。

如果「我的體質就改變了」的字稍大、「肩膀僵硬」這一句被加粗，「© hibi-yoga-studio.」的字變小，就是成功了。

### 調整文字尺寸與強調文字的 HTML

```
<!DOCTYPE html>
<html lang="zh-Hant-TW">
<head>
  <meta charset="UTF-8">
  <title>瑜伽工作室開幕</title>
</head>
<body>
<p>「開始練瑜伽之後，<big>我的體質就改變了！」</big>我們聽見這樣的心聲……</p>
</p><strong>肩膀僵硬</strong>消失了，體態也更好了！</p>
<p><small>&copy; hibi-yoga-studio.</small></p>
</body>
</html>
```

### 在瀏覽器中顯示的結果

「開始練瑜伽之後， 我的體質就改變了！」 我們聽見這樣 的心聲……

**肩膀僵硬** 消失了，體態也更好了！

© hibi-yoga-studio.

# 15

# 條列重點，讓訴求更能打動瀏覽者

文章之中，經常會利用「‧」或（1）的符號來條列，藉由這樣的巧思以提升可讀性。可以用<ul>、<ol>、<li>來指定。

條列，是一種讓短文更容易閱讀的必要表現方式。條列方式大致上可分為兩種。

①利用「‧」（項目符號）來表示，例如：

‧瑜伽墊

‧瑜伽服

‧瑜伽磚

②利用「數字」來表示，例如：

1. 瑜伽墊

2. 瑜伽服

3. 瑜伽磚

· **顯示條列的標籤：**

<ul>～</ul>

→ 這樣就可用「・」來顯示。

<ol>～</ol>

→ 這樣就可用「數字」來顯示。

<li>～</li>

→ 這樣就可以用來包住要條列顯示的項目。

表示條列的標籤重點是，它們都是由兩個標籤構成的。選擇 <ul> 或 <ol> 其中一個之後，選好的標籤裡再放入 <li>，條列式就完成了。

# Let's Try 設定條列式

請試著寫出下方的程式碼，再透過瀏覽器確認。

**指定條列式的HTML**

```
<!DOCTYPE html>
<html lang="zh-Hant-TW">
<head>
  <meta charset="UTF-8">
  <title>瑜伽工作室開幕</title>
</head>
<body>
```

```
<ul>
  <li>瑜伽墊</li><li>瑜伽服</li><li>瑜伽磚</li>
</ul>
<ol>
  <li>瑜伽墊</li><li>瑜伽服</li><li>瑜伽磚</li>
</ol>
</body>
</html>
```

**在瀏覽器中顯示的結果**

- 瑜伽墊
- 瑜伽服
- 瑜伽磚

1. 瑜伽墊
2. 瑜伽服
3. 瑜伽磚

### 零基礎寫程式

□ 要根據想傳遞的強度來選擇次標題。

□ 利用段落和換行，會讓文章更容易閱讀。

□ 巧妙的利用引用，就能提升文章的可信度。

□ 條列式也是能使用在商務文書中的重點。

練習3

# 活用次標題、條列與換行

請利用第109頁練習2製作的yoga-studio-lp.html檔案，繼續追加以下的練習，製作網路廣告的正文。

### 步驟一：將主標題指定為「標題重要度最高」！

```
1   <h1>瑜伽工作室〇月〇日（日）開幕！月費2,500日圓</h1>
```

### 步驟二：指定段落！

```
2   <p>其實，三十多歲以上的人正開始練瑜伽。
3   體質有了改變的會員心聲
4   肩膀不再僵硬了（三十多歲）最近不會閃到腰了！（四十多
    歲）</p>
5   <p>可以期待的效果！
6   針對突出的小腹！</p>
```

### 步驟三：指定重要度，讓它成為標題！

```
7   <h2>其實，三十多歲以上的人正開始練瑜伽。</h2>
8   <h3>體質有了改變的會員心聲</h3>
```

```
9    <h3>可以期待的效果！</h3>
```

### 步驟四：引用顧客心聲，將換行置入顧客心聲裡

```
10   <blockquote><h3>體質有了改變的會員心聲</h3>
11   肩膀不再僵硬了（三十多歲）<br>最近不會閃到腰了！
     （四十多歲）</blockquote>
```

### 步驟五：放大強調在意的單字

```
12   針對突出的<big><strong>小腹</strong></big>！
```

### 步驟六：簡潔的縮小底部的文字

```
13   <small>&copy; 2019 hibi-yoga-studio.</small>
```

### 步驟七：用條列式介紹三個練瑜伽的效果

```
14   <p>練瑜伽還有其他三個效果！</p>
15   <p><ul>
16     <li>恢復情緒</li>
17     <li>舒展軀幹</li>
18     <li>排毒</li>
19   </ul></p>
```

　　如果做到這一步，就儲存起來。利用檔案總管（Mac系統則是Finder）就可從儲存位置找到存檔的檔案「yoga-sudio-lp.

「html」。找到檔案，雙點擊之後，瀏覽器就會顯示出以下的內容。

## 核對答案

> # 瑜伽工作室〇月〇日（日）開幕！月費2,500日圓
>
> **其實，三十多歲以上的人正開始練瑜伽。**
>
> > **體質有了改變的會員心聲**
> >
> > 肩膀不再僵硬了（三十多歲）
> > 最近不會閃到腰了！（四十多歲）
>
> **可以期待的效果！**
>
> 針對突出的**小腹**！
>
> 練瑜伽還有其他三個效果！
>
> - 恢復情緒
> - 舒展軀幹
> - 排毒
>
> ©2019 hibi-yoga-studio.

**提示：**因為紙本書上的篇幅呈現緣故，有些部分沒有縮排。請事先在自己輸入的內容上縮排，再養成習慣吧！

### ‧練習3的正確程式碼答案

把第112頁練習2的正確程式碼<header>～</header>之間呈現如下，就是正確答案。

```
1  <h1>瑜伽工作室〇月〇日（日）開幕！月費2,500日圓</h1>
```

若第112至113頁練習2的正確程式碼<main>～</main>改寫如下，就是正確答案。

```
2    <main>
3      <p><h2>其實，三十多歲以上的人正開始練瑜伽。</h2>
4      <blockquote><h3>體質有了改變的會員心聲</h3>
5      肩膀不再僵硬了（三十多歲）<br>最近不會閃到腰了！
       （四十多歲）</blockquote></p>
6      <p><h3>可以期待的效果！</h3>
7      針對突出的<big><strong>小腹</strong></big>！</p>
8      <p>練瑜伽還有其他三個效果！</p>
9      <p><ul>
10       <li>恢復情緒</li>
11       <li>舒展軀幹</li>
12       <li>排毒</li>
13     </ul></p>
14   </main>
15   <small>&copy;2019 hibi-yoga-studio.</small></p>
```

**零基礎寫程式**

☐ 次標題的使用方法不同，傳遞方式也會隨之改變。
☐ 要先記住段落和換行的差異！
☐ 條列式也能運用在平時的工作文書上。

# 16

# 在網頁中插入圖像

在網頁上，如果除了文字以外，也置入了「圖像」，視覺上就會變得更好看！可以用 <img> 來指定「插入圖像」。

如果只由文字構成登陸頁面，頁面就有些單調，因此我們需要插入圖像，作為「讓圖像吸引瀏覽者注意的機制」。

## 在指定圖片時，「檔案位置」不能搞錯

指定圖片時，必須讓瀏覽器知道「這是放在哪裡的圖像」，這就和告訴別人「喜歡的咖啡廳在哪」的道理很類似。

- 絕對路徑：正確告知咖啡廳的地址。
- 相對路徑：從目前位置所見的路線，告知咖啡廳的位置。

　　如果要以yogalp為起點，告知位於上一層級的yoga-woman.jpg的位置，就是：

- 絕對路徑：/yogalp/images/yoga-woman.jpg
- 相對路徑：image/yoga-woman.jpg

　　製作登陸頁面時，則較常使用「相對路徑」。

## 使用的圖片種類，大致有三種

### ·JPEG：副檔名是「.jpg」、「.jpeg」

　　所謂的JPEG，是「Joint Photographic Experts Group」（聯合圖像專家小組）的縮寫。這類圖片是以一種稱為「失真壓縮形式」的方式保存，適用於以數位相機拍攝的照片等素材。

### ·PNG：副檔名是「.png」

　　所謂的PNG，是「Portable Network Graphic」（可攜式網路

圖像）的縮寫。這類圖片是以一種稱為「無失真壓縮形式」的方式保存，能夠以全彩或半透明等特性來表現，經常用於插畫、美麗的風景圖像等素材。

### ·GIF：副檔名是「.gif」

所謂的GIF，是「Graphics Interchange Format」（圖像交換格式）的縮寫。這類圖片是以「無失真壓縮形式」的方式保存，是以256色以下製成的圖像，有時會用於商標（LOGO）等素材。

以上三種都是圖像檔案，也都可以用副檔名來判斷種類。

### · 表示圖像的標籤：

```
<img src="圖像位置和檔案名稱" alt = "圖像的說明文字">
```

## Let's Try 加入圖像

請試著寫出下頁的程式碼，再透過瀏覽器確認。

此外，在Let's Try使用的圖片，就是先前在練習1下載壓縮檔、解壓縮時製作的「proglp/yogalp/images」資料夾裡頭，有個名為「yoga-woman.jpg」的圖片檔案。請在「文件/yogalp（Mac亦同）」裡開設目錄「images」，再將圖像檔案複製到這個目錄之中。

提示：請回想關於目錄的內容，也請不要移動圖像檔案，而是複製檔案。

### 指定圖像的 HTML

```
<!DOCTYPE html>
<html lang="zh-Hant-TW">
<head>
  <meta charset="UTF-8">
  <title>瑜伽工作室開幕</title>
</head>
<body>
<img src="images/yoga-woman.jpg" alt="開始練瑜伽吧">
</body>
</html>
```

### 在瀏覽器中顯示的結果

## Memo 這些免費圖像網站都很方便

　　登陸頁面裡會用到一些圖像。藉由圖片的氛圍，經常會因此而改變登陸頁面的效果，所以就需要準備幾張圖像。

　　圖片可分為付費圖像和免費圖像。付費圖像則要請委託製作登陸頁面的客戶準備，如果是我們自己要使用的，可使用免費的圖片。

　　以下介紹幾個免費圖像網站，提供讀者們參考看看。

　　‧PAKUTASO：https://www.pakutaso.com/

　　主要為有故事的「趣味感」圖像。經常用於聯盟行銷等行銷模式。（按：可用於網頁製作，但前提是除了製作者，也需要告知委託人使用的是PAKUTASO網站的素材，並同意使用規定。）

　　‧寫真AC：https://www.photo-ac.com/

　　內容較規矩、認真的圖像，經常用於女性商品。

　　‧pixabay：https://pixabay.com/ja/

　　容易用於商務類型的圖像。舉凡開會時的場所、令人聯想到業績的圖表等，經常用於教材商品。

　　（按：以上圖庫皆為日文網站，臺灣讀者也可利用「CC0 免費圖庫」作為關鍵字，用搜尋引擎尋找。）

## Point

　　關於使用專利、著作權，請遵循網站的內容規定。

# 17

# 設定跳轉到其他頁面

當我們瀏覽網頁的文字，偶爾會在看到一半的時候，發現了某些醒目的地方，然後點擊一下，就連到其他網站去了。這種功能可以用 <a> 來指定！

## 為什麼需要跳轉到其他網頁？

利用登陸頁面的目的，就是要讓瀏覽者願意購買或申請某項商品、服務。為達到這個目的，我們需要準備一個「以申請（或購買）為目的」的位置，讓瀏覽者能夠點擊一下，就移動到其他的網頁。

### · 網頁上的移動可分為兩種：

①移動到其他的網頁：點擊利用 Google 或 Yahoo 等搜尋引擎檢索完成的結果時，我們會移動到其他的網頁。這稱為「連往外部網頁」。點擊一次、用一個按鍵，就可從顯示出來的網頁跳轉

到其他網頁。

　　②在同一個網頁內移動：例如，網頁最上方有個按鈕寫著「請點擊這裡申請」，瀏覽者只要點擊它，就會移動到同一個網頁的最下方（常見於網路購物），這稱為「網頁內部連結」。

## 得注意跳轉的目標網址有沒有寫錯

　　製作登陸頁面時，最重要的是「要跳轉到哪一個網頁」。萬一跳轉的目標錯了的話，恐怕就會發生以下的問題：

- 一旦跳轉到不存在的網頁的話，就會發生「找不到網頁」的錯誤。
- 跳轉到錯誤的網頁，介紹了不正確的商品或服務。
- 如果是靠重導網頁流量來賺錢的聯盟行銷，錯誤的網址會讓你收不到酬勞。

在登陸頁面的特性上，網頁跳轉之後的結果幾乎都和「錢」脫離不了關係。

網頁的跳轉目標，請務必要請製作登陸頁面的委託人正確傳達，並且盡量確認兩、三次，以避免發生錯誤！若能請委託者利用電子郵件告知跳轉目標網頁的網址（URL），不但不會聽錯或弄錯，也較不容易導致麻煩，這樣就安心多了。

### ‧ 表示網頁移動的標籤：

```
<a href="移動目的地的網址或跳轉目的地">～</a>
```

（「a」是「anchor」的簡寫，意思是錨。就像是一個拴住指定位置的錨。）

我們經常用「拴住連結」來表達 <a> 這個動作。如果有人對你說「請點選連結至○○」，請想成「原來就是使用了 <a> 啊」。

## Let's Try 設定「跳轉網頁」

### ①連往外部的網頁

請試著寫出下頁的程式碼，再透過瀏覽器確認。

## 跳轉網頁的HTML

```
<!DOCTYPE html>
<html lang="zh-Hant-TW">
<head>
  <meta charset="UTF-8">
  <title>瑜伽工作室開幕</title>
</head>
<body>
<a href="https://www.google.co.jp">跳轉到Google</a>
</body>
</html>
```

## 在瀏覽器中顯示的結果

跳轉到Google

　　點擊顯示在瀏覽器上的「跳轉到Google」之後，如果有確實跳轉到Google搜尋引擎，就是正確答案。

　　此外，有些狀況是在移動網頁時，希望自己的網頁要維持原狀，同時將移動目的地的網頁內容顯示在新網頁（或分頁）上。這時候，就要追加指定「target」屬性。

　　<a target="_blank" href="移動目標的網址或跳轉目標">～</a>

　　上面的「_blank」的開頭是下底線。我們只是用「_blank」來指定到target，因此會顯示到新視窗（或分頁）上。

## ②連往同一網頁內部的某處

在<a>程式碼方面，在「#」後方輸入指定好要連結前往的「id」名稱。指定「id」的名稱時，必須用半形英語、容易理解的單字，並請留意盡量不要在網頁中重複。

**網頁移動的 HTML**

```
<!DOCTYPE html>
<html lang="zh-Hant-TW">
<head>
  <meta charset="UTF-8">
  <title>瑜伽工作室開幕</title>
</head>
<body>
<a href="#sales">現在馬上購買</a>
<p id="sales">立刻點擊這裡購買！</a>
</body>
</html>
```

**在瀏覽器中顯示的結果**

現在馬上購買

立刻點擊這裡購買！

畫面就會顯示網頁內部連結「現在馬上購買」。點選後，就會立即跳轉到「立刻點擊這裡購買！」。這個範例因為網頁很短，所以沒有效果，不過如果網頁變得縱向且更長，就可以發揮效果了。

# 18

# 使用「排版區塊」

程式設計獨一無二的思考方式，就是還有一個「排版區塊」！這可以利用<div>、<span>來指定！

如果文字的大小、顏色，或是圖像的尺寸都一成不變，就會變成非常無聊的文字作品。登陸頁面得要讓瀏覽者閱讀到最後，因此為了讓網頁更豐富、有趣，就必須費心設計。

## 何謂排版區塊？

正如第119頁提過的，有個稱為「段落」的文字區塊。

和段落相同，設計裡也存在著表現「有影響力的文字區塊」的領域。四處散亂、毫無章法的文字顏色，或是大小不統一的圖片散佈在各處，乍看之下就儼然是門外漢做出來的東西。要解決這種狀況，方法就是利用排版區塊。

所謂的排版區塊，就是把文章、圖像集合成「一個區塊」，然後套用相同的排版指令，藉以在設計上展現整體感的一塊網頁

空間。

**表示排版區塊的標籤：**

&lt;div&gt;〜&lt;/div&gt;

「div」是「division」（區域）的意思。

&lt;span&gt;〜&lt;/span&gt;

div或span的標籤本身，不會在瀏覽器上顯示任何變化，必須套用排版指令後，才會產生變化。

div和span的差異是，div的前後都有換行，但span的前後則沒有換行。總之，它們就是講到第四章「這樣設計，讓瀏覽者想一口氣讀完！」時會用到的標籤，在這裡請先記住這個概念。

## Let's Try 試著設定排版區塊

「肩膀不再〜」 和「針對突出的〜」的&lt;p&gt;標籤，如果用&lt;div&gt;〜&lt;/div&gt;圍起來，就可以讓它們成為一個文字方塊。如果想藉由設計，只調整用&lt;p&gt;標籤圍起來的其中一部分，就利用&lt;span&gt;〜&lt;/span&gt;圍起來，讓它們成為一個文字方塊。但因為還沒有設計，所以感覺不到變化。在第四章，我們就能實際感覺到效果了。

## 使用 div 和 span 的區域的 HTML

```
<!DOCTYPE html>
<html lang="zh-Hant-TW">
<head>
  <meta charset="UTF-8">
  <title>瑜伽工作室開幕</title>
</head>
<body>
<div><p>肩膀不再僵硬了（三十多歲）
<br>成功瘦了15公斤（四十多歲）
<br>變得積極樂觀了。（三十多歲）
</p>
<p>針對突出的小腹！<br>肌膚變美<br>
改善肩膀僵硬、手腳冰冷</p></div>
<p>其實，<span>三十多歲以上的女性</span>正開始練瑜伽。</p>
</body>
</html>
```

### 在瀏覽器中顯示的結果

肩膀不再僵硬了（三十多歲）
成功瘦了15 公斤（四十多歲）
變得積極樂觀了。（三十多歲）

針對突出的小腹！
肌膚變美
改善肩膀僵硬、手腳冰冷

其實，三十多歲以上的女性 正開始練瑜伽。

# 19

# 設定「按鈕」，讓程式運作

在網頁上註冊會員時，我們經常會看到「送出」的按鈕，對吧？這可以用<input>來設定。

## 網頁上要執行功能，便要設置按鈕來點擊

在登陸頁面上，經常會呈現「文章」、「圖像」，以及之後會提到的「影片」。

除了這些之外，登陸頁面在某些狀況下，也需要進行計算，並立即讓瀏覽者看見結果。

### ·何謂「按鈕」？

按鈕雖然有好幾種，不過在此要談的是一種名為「單純按鈕」的類型。藉由點擊顯示在瀏覽器上的按鈕，就能讓它獨自執行編排的內容。

就算只有按鈕單獨存在，也不會有任何動作，不過只要使用

第五章學習的「JavaScript」來撰寫程式，就能導入紙本廣告傳單上無法實現的動作。

### 表示按鈕的標籤：

<input type="button" value=" 要被顯示的文字 " onclick=動作>

## Let's Try 設定「按鈕」

請試著寫出下方的程式碼，再透過瀏覽器確認。

### 指定按鈕的 HTML

```
<!DOCTYPE html>
<html lang="zh-Hant-TW">
<head>
  <meta charset="UTF-8">
  <title>瑜伽工作室開幕</title>
</head>
<body>
<p>診斷一下你的肥胖程度吧！<br>
<input type="button" value="計算BMI">
</p>
</body>
</html>
```

### 在瀏覽器中顯示的結果

診斷一下你的肥胖程度吧！
計算BMI

這樣一來，應該會顯示出文字和按鈕。因應不同的瀏覽器，按鈕的外觀有可能會隨之改變。（在這裡還沒用到第五章所要學習的「JavaScript」，所以即使點擊按鈕，也不會起任何反應。）

今後我們會接觸JavaScript，你將能因此更理解按鈕的寫法。不僅僅是顯示出來而已，只要再追加動作，我們就能朝向「程式設計」這個嶄新的世界更邁進一步。

**零基礎寫程式**

☐ 要記住透過顯示圖片，氛圍就會隨之改變！
☐ 拴住連結的方法一定會用到，所以很重要。
☐ 第四章能讓人實際感受到效果的「外觀區域」，要事先放在網頁頂部的角落。

練習4

# 插入圖像及按鈕、設定跳轉和排版區塊

　　請利用第130頁製作完成的練習3內容，輸入以下的程式碼，升級一下瑜伽工作室開幕時所要使用的網路廣告吧！

　　從儲存位置找到在練習3儲存起來的檔案「yoga-sudio-lp. html」，再利用檔案總管（Mac系統則是Finder）開啟，進行練習的相關準備。

## 步驟一：置入圖像，改善形象

　　將圖像插入被<header>圍起來的內容中，已經指定好的<h1>主標題下方吧！

　　至於瑜伽的圖片，請將練習1中準備好的「proglp/yogalp/ images」目錄裡的「yoga-woman.jpg」檔案複製到「文件/yogalp/ images」（Mac亦同）裡。

```
<img src="images/yoga-woman.jpg" alt="瑜伽工作室開幕">
```

提示：請注意，<img>標籤不必加上表示結束的</img>！

## 步驟二：產生超連結，跳轉往畫面下方

在瑜伽圖片的下方，張貼能夠直接跳轉到畫面下方的連結。先新增段落吧！

```
<p><a href="#cta">現在馬上報名</a></p>
```

別忘了要將移動目的地指定到<main>的結束標籤前方！

```
<p id="cta">報名點選這裡</p>
```

## 步驟三：產生超連結，跳轉往外部網頁

在「報名點選這裡」上張貼連結，再指定到新的網頁（分頁）上，讓瀏覽者能跳轉到Google上吧！

```
<a target="_blank" href="https://www.google.co.jp">報名點選這裡</a>
```

請注意，在實際的登陸頁面上，並不是跳轉到Google，而是會讓它跳轉到客戶指定的網頁（網址）。這次的練習是作為範例，才寫成跳轉到Google的連結，這樣任何人都能夠使用。

如果做到這一步，就儲存起來。利用檔案總管（Mac則是Finder）就可從儲存位置找到存檔的檔案「yoga-sudio-lp.html」。和上一個練習相同，瀏覽器會顯示出以下內容。

## 核對答案

　　如果顯示的畫面和下頁的圖片畫面不同，先冷靜下來，確認一下前述的程式碼吧！

## · 練習4的正確程式碼答案

請將以下的程式碼，追加到第132頁練習3正確程式碼的
<h1>下方。

```
1  <img src="images/yoga-woman.jpg" alt="瑜伽工作室開幕">
2  <p><a href="#cta">現在馬上報名</a></p>
```

將以下的程式碼，追加到第133頁練習3正確程式碼的</
main>上方。

```
3  <p id="cta"><a target="_blank" href="https://www.google.
   co.jp">報名點選這裡</a></p>
```

## · 重點測驗

問題：

（1）登陸頁面的功能是什麼？

（2）web的正確全稱是？

（3）何謂登陸頁面需要的三個功能？

（4）所謂HTML，就是一種指定＿＿＿結構的世界共通語
　　　言。

（5）HTML的構成符號稱為＿＿＿。

（6）HTML的基本結構，是由＿＿＿和＿＿＿兩個部分所構
　　　成的。

（7）為了要讓輸入的程式碼能更容易閱讀，只要使用＿＿＿
　　　即可。

（8）想用不同字體大小的標題來表達，可以用 <h1> 標籤直
到＿＿＿為止。

（9）如果想要顯示圖片，使用的 HTML 標籤是？

（10）關於網頁中很特別的「超連結」，它具備什麼功能？

【答案】

（1）網路上的廣告傳單；

（2）全球資訊網（World Wide Web）；

（3）HTML、CSS、JavaScript；

（4）文章；

（5）標籤；

（6）head 和 body；

（7）縮排；

（8）<h6>；

（9）<img>；

（10）能夠跳轉網頁（內部和外部）。

# 20

# 學習HTML的 24 個常用標籤（後篇）

本篇要介紹在學習HTML時，希望各位一定要掌握住的基本標籤。目前為止學習了19個標籤，之後還有五個！請努力記住它們！接下來要說明可實際執行的標籤，相關細節之後就會為各位一一解說，因此在目前這個階段，可先瀏覽，了解一下「原來還有這些用途的標籤」。

指定圖像、影片用的標籤：

\<figure\>：指定圖像的區域。

\<figcaption\>：指定圖片的描述。

\<iframe\>：嵌入 YouTube 影片等外部資訊。

\<video\>：HTML5的新功能，可嵌入影片。

\<audio\>：HTML5的新功能，可嵌入聲音資訊。

在製作登陸頁面時，我們需要賦予圖像必要的資訊，好讓圖片更吸引人注意，也要因應不同的影片，傳達許多資訊。

155

從下一節開始，將繼續學習更多具實用性的 HTML 標籤！

---

**Memo** 使用圖片、插圖、影片時，注意這些重點！

在接下來要學習的部分，我們將學會嵌入外部資訊（如 YouTube 影片等）。此外，也會學到如何使用影片檔案或聲音檔案，並播放它們。

雖然可以透過網路使用圖片及影音，非常方便，但也有些人為了要更輕鬆的製作網頁，因而忽視了製作影片、聲音、圖像等素材的創造者所擁有的權利。

圖像、插畫、影片、聲音當中，都包含了具備「著作權」或「註冊商標」的素材，因此請事先確認，客戶提供的這些素材，是否已經解決了著作權或註冊商標的問題！

此外，未來如果你打算選擇圖像、影片、聲音等素材來使用，請採用以下的確認程序，留意不要侵害了他人的著作權和註冊商標：

· 確認素材是否有著作權的限制。

· 確認是否為註冊商標。

若有著作權限制、或是已經完成註冊商標的素材，請務必先向持有權利的人（多數情況是作者或公司、商家）確認是否能夠使用。如果不清楚是否有權利或商標，則必須詢問刊載這些素材的平臺或媒體。

在網路的世界裡，我們能藉由簡單的複製、貼上來使用複製品，但「因為可以複製，所以我就用了」這種心態是不對的，請務必小心。

# 21

## 添加有意義的圖像和圖片描述

我們常在圖片下方，看到以小小的文字寫著說明，這就稱為「圖片描述」，可以用 &lt;figure&gt; 和 &lt;figcaption&gt; 來指定！

### 圖片分兩種，有意義的和與版面相關的

登陸頁面中的圖像有兩種。一種是「具有意義的圖像」，另一種是「為了彰顯版面的圖像」。

具有意義的圖像，通常是在登陸頁面介紹的商品、服務等照片，或是展示效果、實際成績的圖片。不止是文章，我們還需要使用有意義的圖像，讓瀏覽者能從視覺上輕鬆的獲取資訊。

為了彰顯版面的圖像，則是指分隔線、圖標這類為了外觀、裝飾的圖片。

# 如何吸引瀏覽者看圖？在圖下面加圖說就好

　　前面提到，在具有意義的圖像下方，用字級稍小的文字放入相片或圖片的說明，這叫做「圖片描述」。

　　不可思議的是，只要在相片、圖片下方放說明文字，不知為何，人們總會忍不住去閱讀。因此，將有宣傳效果的句子放在能被看見的位置，對登陸頁面來說十分重要。

**・表示具有意義的圖像和圖片描述的標籤：**

　　`<figure>～</figure>`

　　→指定有意義的圖像。

　　`<figcaption>～</figcaption>`

　　→指定圖片描述。

　　（利用`<figure>`標籤，可以將圖像和圖片描述設定為單一群組。）

## Let's Try 加入有意義的圖像和圖片描述

　　請試著參考以下的HTML寫出程式碼，再透過瀏覽器確認。

### 具有意義的圖像和圖片描述的 HTML

```
<!DOCTYPE html>
<html lang="zh-Hant-TW">
<head>
  <meta charset="UTF-8">
  <title>瑜伽工作室開幕</title>
</head>
<body>
  <figure>
   <img src="images/yoga-woman.jpg" alt="開始練瑜伽吧">
   <figcaption>做了瑜伽，體態就會變好</figcaption>
  </figure>
</body>
</html>
```

### 在瀏覽器中顯示的結果

放大之後就會
顯示如下圖。

如果圖片描述顯示在瑜伽圖像下方，就表示成功了。

# 22

# 嵌入影片或Google地圖

在網頁裡不只有圖片，也經常會嵌入 YouTube 影片、Google 地圖之類的元素。這些可以用 <iframe> 來指定！

## 在網頁中嵌入其他資訊

使用在網站中、含有登陸頁面的網頁，其特徵之一就是擁有「嵌入其他網頁的資訊」功能。比方說，藉由嵌入影片、地圖資訊，可以讓瀏覽者留下深刻的印象。

那麼所謂的嵌入資訊是什麼意思？以具體的使用方法來說，以下兩種應該很容易理解。

- 將 YouTube 影片嵌入播放：經常用於訪談或客戶心聲。
- 將 Google 地圖嵌入登入頁面顯示：可使用於展示公司位置、商品產地、製造位置等資訊時。

除此之外，想要將行事曆、社群網站的新上傳資訊顯示在登陸頁面時，也可以利用這種方法。

## · 表示資訊嵌入的標籤

<iframe src=" 外部資訊位置和檔案名稱 ">～</iframe>

在 iframe 中，為了指定嵌入資訊的位置，就會使用「src」屬性。在圖像的解說（第136頁）也曾出現過同樣的屬性，因此希望各位能一起記住！

> **Point**
>
> iframe 的「i」，指的是「inline」（嵌入於行內）的簡寫，感覺就像準備了一個邊框（frame），並將外部資訊嵌入網頁裡。

# Let's Try 試著嵌入其他資訊

在這裡，我們要試著指定嵌入 YouTube 影片。

請試著將第137頁的程式碼內第8行（<img>的部分）替換為入以下內容，再透過瀏覽器確認。

### 嵌入資訊的 HTML

<iframe src="https://www.youtube.com/embed/N4k2SKL0vvM"></iframe>

在瀏覽器中顯示的結果如下（影片來源：Life Up Academy〔 https://lifeup-style.net 〕）。

# 23

# 自己製作的影片，
# 一樣可以嵌入網頁

　　上一節我們以YouTube影片作為範例為各位說明。除此之外，也有其他嵌入影片的方法，這可以用<video>來指定！

　　需要在登陸頁面上放影片時，多半都是從YouTube分享、嵌入。不過，也有些狀況是要嵌入自己製作的影片。這時候，只要使用HTML的最新版本 —— HTML5中新增的影片播放功能，就很方便了。

## 播放的影片規格，並未統一

　　要注意的是，這個功能所支援的影片規格，在各瀏覽器之間，並沒有統一。這是關於專利的問題，而到完全解決之前，應該還需要一些時間。從目前瀏覽器的支援狀況來考量，建議讓客戶準備「mp4」或「webm」格式的影片為佳。

### ・用來播放影片的標籤

<video>～</video>

此外，屬性中還可以指定以下功能：

src → 指定想要播放的影片位置和檔案名稱。

controls → 顯示播放、暫停等操控元件。

poster → 顯示影片的預覽靜止畫面。

## Let's Try 在網頁嵌入影片

請試著參考下圖寫出程式碼，然後透過瀏覽器確認！

請將第137頁的程式碼第8行，替換為下面的程式碼。

在<video>內側，也要事先準備訊息，以防使用的瀏覽器無法播放影片。至於影片和海報圖像，請將「proglp/lestry/第3章/media」資料夾中的「Animal-16230.mp4」、「Animal-16230.png」複製到「lptry/media」資料夾使用！

```
1  <h2>像貓咪一樣放鬆！</h2>
2  <video src="media/Animal-16230.mp4" controls poster="media/
   Animal-16230.png"><p>您使用的瀏覽器無法支援顯示video標
   籤。請使用支援video標籤的瀏覽器。</p></video>
```

　　（在lptry裡新增media目錄的方法，和先前指定圖像時新增
images圖片的方法相同。請參考第66頁或第136頁回想一下相關
內容。）

**在瀏覽器中顯示的結果**

# 24

# 在網頁嵌入音檔

除了YouTube和影片檔案之外，也有一種網頁設計的巧思，是當瀏覽者點擊滑鼠之後，就會播放音樂。這種功能可以利用<audio>指定。

有時候必須在登陸頁面上播放聲音檔案。這時候可利用HTML最新版本——HTML5裡新增的聲音播放功能。

同樣的，要注意的重點是，這個功能在各家瀏覽器之間，所支援的音檔規格並沒有統一。這是關於專利的問題，因此直到完全解決之前，應該也還需要一些時間。

從目前瀏覽器的支援狀況來考量，建議請客戶準備「mp3」或「ogg」格式的音檔為佳。

## ·播放聲音檔的標籤：

<audio>～</audio>

此外，屬性中還可指定以下功能：

src → 指定想要播放的音檔位置和檔案名稱。

controls → 顯示播放或暫停等操控元件。

## Let's Try 在網頁嵌入音檔

請試著將第137頁的程式碼第8行（<img>的部分），替換為以下的程式碼，然後透過瀏覽器確認！

在<audio>標籤內側，也要事先設定相關屬性，以防瀏覽器無法播放音檔。至於音源檔案，請將「proglp/lestry/第3章/media」資料夾中的「Some_Day.mp3」複製到「lptry/media」資料夾使用吧！

```
1  <h2>配合音樂放鬆！</h2>
2  <audio src="media/Some_Day.mp3" controls><p>您使用的瀏
   覽器無法支援顯示audio標籤。請使用支援audio標籤的瀏覽
   器。</p></audio>
```

**在瀏覽器中顯示的結果**

配合音樂放鬆！

▶ 0:00 / 0:15 ━━━━━━━━━━ 🔊

**Point** 和<video>相同，這還是很少人使用的標籤。請先將它當作新知識，抱持「啊，這麼說來還有哪些？」的好奇心記起來！

練習5
# 嵌入影片和音檔、加上
# 圖片描述

請利用第150頁製作完成的練習4內容，並輸入以下的程式碼，在瑜伽工作室開幕時使用的網路廣告中，嵌入影片和圖片描述！

從儲存位置找到在練習4儲存起來的檔案「yoga-sudio-lp.html」，再利用檔案總管（Mac系統則是Finder）開啟，進行練習的相關準備。

## 步驟一：將圖片描述置入圖像

在練習4插入的瑜伽圖像，追加圖片描述，更能吸引瀏覽者的目光。

```
1  <figure><img src="images/yoga-woman.jpg" alt="瑜伽工作室開幕"><figcaption>藉由瑜伽整頓心靈與身體的平衡吧！</figcaption></figure>
```

### 步驟二：嵌入瑜伽影片

　　把「報名點選這裡」作為段落圍起來的<p id="cta">之前嵌入影片。在這個練習，我們會使用瑜伽影片。使用相同影片的方法，請在YouTube的檢索欄位輸入「太陽礼拝Aのポーズ　ライフアップアカデミー」（拜日式 Life Up Academy）（按：臺灣讀者可直接連至https://reurl.cc/V6Lz0R），利用以下的YouTube影片。

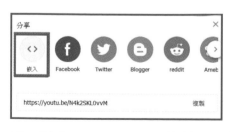

　　想要取得YouTube影片時，還有一個方便的功能。只要點擊影片下方的「分享」。接著，分享選單就會開啟。

從連結的分享選擇「嵌入」之後，就會將<iframe>包圍起來的HTML程式碼提供給使用者。再點選右下方的「複製」，複製YouTube提供的HTML程式碼（見下頁圖）。

　　將複製好的IITML程式碼，貼在<p id="cta">的前面。「貼上」這個動作，可以一邊按著「ctrl」、一邊按下「v」，就能輕鬆貼上了。

**提示**：在實際的登陸頁面上，有些客戶會指定使用某些影片。而當你自己挑選影片時，必須確認不會發生違反著作權的情況。

如果做到這一步，就儲存起來。和練習4相同，找到儲存起來的檔案。接著再透過瀏覽器顯示吧！

## 核對答案

### 練習5的正確程式碼答案

請將第153頁練習4正確程式碼答案中，<h1>下方的<img>部分，替換為以下程式碼。第5至6行雖然和練習4相同，不過為了讓各位更容易理解，因此留下來。

```
1   <figure>
2    <img src="images/yoga-woman.jpg" alt="瑜伽工作室開幕">
3    <figcaption>藉由瑜伽整頓心靈與身體的平衡吧！</figcaption>
4   </figure>
5   <p><a href="#cta">現在馬上報名</a></p>
6   </header>
```

將下方的程式碼，追加到第153頁練習4正確程式碼答案中<p id="cta">的上方（這是YouTube分享功能複製的程式碼）。

```
1   <iframe width="560" height="315" src="https://www.youtube.com/
    embed/N4k2SKL0vvM" frameborder="0" allow="accelerometer;
    autoplay; encrypted-media; gyroscope; picture-in-picture"
    allowfullscreen></iframe>
```

### 零基礎寫程式

☐ 在圖片追加圖片描述，就會提高瀏覽者看圖片的機率。
☐ 使用iframe，就能夠嵌入YouTube影片等其他資訊。
☐ video、audio這類標籤，都是HTML5新增的功能。

專欄 二

# 商標會改變人們的印象！
# 從這些免費商標製作網站著手

　　登陸頁面、網頁上加上商標，不僅會讓人留下深刻的印象，也會讓人們更信賴你。如果不是創作者，一般人要從頭開始製作商標，可不是件簡單的事。

　　因此，在這邊要介紹幾個可供免費使用的商標製作網站：

・商標及圖像發電機：https://ja.cooltext.com/
・STORES.jp LOGO MAKER：https://logo-maker.stores.jp/
・flamingtext：https://ja.flamingtext.com/

　　除此之外，如果使用國外的商標製作網站（適合英語能力強的讀者），就能做出截然不同的作品。從Google利用「商標 製作」等關鍵字檢索，就可以查詢得到，請在閱讀過著作權等規範之後再使用。（關於使用專利、著作權，請遵循網站內容。）

# 這樣設計，讓瀏覽者想一口氣讀完！

# 1

# 網站版型設計的基礎語言「CSS」

　　從這個部分開始，終於要開始設計網頁的版型囉！首先讓我們了解一下網頁版型設計所使用的程式語言！

## CSS的功能，在於網站視覺上的版型設計

　　前面學習的HTML，是用來指定結構和文字的程式語言。

　　相對於HTML，本章要解說的程式語言「CSS」則是指定網站（也包含登陸頁面）的「版型設計」。舉例來說，背景色、留白、文字的字體大小和顏色，圖像的大小、行距的指定等。藉由使用CSS，就能製作出鮮明、容易瀏覽、引發人們關注的網站。

　　CSS是「Cascading Style Sheets」（階層式樣式表）的縮寫，也經常稱為「樣式表」（Style Sheets）。

　　雖然CSS在網路黎明期（1996年）就已經存在，但當時尚未開始活躍。理由是，當時的HTML裡，就具備了版型設計的標

籤,「利用CSS將版型設計分離出來」的概念還未深植人心。

然而到了今天,因為用CSS將版型設計從HTML分離出來的緣故,因此即使完全不改變HTML,也可望能輕鬆的改變網頁版型設計。

## 為什麼需要CSS?因為瀏覽網頁的裝置多,得隨時改變

再簡單一點來說,請想像一下,在電腦畫面上瀏覽網頁,以及在手機畫面上瀏覽網頁的情形。即使是瀏覽同一個頁面,設計應該都要有所變化。這也代表,我們不必改變HTML的文書結構來應付不同的版型需求,而是藉由分離出來的設計部分 ──「CSS」來切換用於電腦和手機上的網頁版型。

就像這樣,將「文書的結構」和「版型的設計」分離。我們日常生活中使用的載具(個人電腦、手機、平板電腦之類的電子儀器)種類增加得越多,能夠只改變版型、不改變文書結構的技術就越受到關注。

CSS的規格和HTML一樣,都有版本之分。如2.1、2.2、3等,藉由多次改版,不僅增加新功能,也會陸持續去除不合時宜的功能。

目前的最新版本是CSS3。從今而後,相信CSS也會持續升級,設計的幅度亦將持續拓展。

# 2

如何用CSS改變網頁外觀？

本章節將開始介紹CSS的基本寫法！重點是指定「要怎麼改變某個區塊的版型外觀設計」。

## 用CSS改變外觀，和用HTML有什麼不同？

為了調整設計，程式寫法要遵循以下樣式表的基本語法。

selector{property: value;}

①selector：選擇版型指令要套用到哪個標籤（要針對哪個部分）。

②property：要套用哪個版型指令（要做什麼）。

③value：該版型指令要設定成哪一種數值（怎麼做）。

那麼，CSS的寫法與HTML有什麼不同？讓我們用以下狀況來思考看看：「把HTML的<p>標籤圍起來部分的文字變粗。」

・HTML：

&lt;p&gt;從今天開始練瑜伽Day1課程！&lt;/p&gt;

・CSS：

p{font-weight: bold;}

就像這樣，藉由指定CSS，當HTML的內容顯示在瀏覽器上時，被 &lt;p&gt; 標籤圍起來的文字就會變成粗體字。

> **從今天開始練瑜伽Day1課程！**

## 也能做到細微調整的「選擇器」

HTML的標籤單位有時也無法做到細部的設計。

比方說，被&lt;p&gt;標籤圍起來的部分有兩個地方，如果只想要針對某一個&lt;p&gt;做成粗體字，一旦以&lt;p&gt;標籤來指定粗體字，那麼兩個地方都會變成粗體。因此，有一個方法是在選擇器上使用「class」這個屬性，再詳細的指定。

### 使用 class 的選擇器範例

・HTML

&lt;p class="yoga 1 day"&gt; 從今天開始練瑜伽Day1課程！&lt;/p&gt;

・CSS

p.yoga 1 day {font-weight: bold;}

　　如果只想針對與被<p>標籤指定的class屬性一致的部分，來改變設計，就在CSS的選擇器後方加上「.」（英數半形句點），再接著指定選擇器屬性的名稱。

　　雖然還有其他選擇器的指定方法，不過如果要製作登陸頁面，還是請先把標籤和class的指定方式記起來！

# 3

## 如何撰寫樣式表

撰寫CSS的地方，大致上可分為三個！讓我們來看看它們各自的特徵吧！

## 撰寫CSS的三個地方

接下來，讓我們一起了解它們各自的特徵，並區分使用。

### ①直接寫在HTML的標籤上

標籤中都有屬性（請參照第83頁）。藉由在屬性裡指定「style」，僅僅該部分就能設定有效的設計。舉例來說，可以使用在「想要測試會變得如何」的狀況。

例如：把<p>標籤包圍的文章變成粗體字

瑜伽工作室〇月〇日（日）開幕！

## ②寫在 HTML 的 \<head>～\</head> 部分

在 HTML 中，\<head> 部分有一些資訊是要讓電腦理解。藉由在這裡追加 \<style>～\</style> 標籤，就能針對每一個頁面指定有效的設計。如果不需要讓設計和其他頁面共用，也可以使用於頁面較小的情況。

### （例）把 \<p> 標籤包圍的文章，變成粗體字

```
①  <!DOTYPE html>
②  <html lang="zh-Hant-TW">
③  <head>
④    <meta charset="UTF-8">
⑤    <title>瑜伽工作室開幕</title>
⑥    <style>
⑦    p{font-weight: bold;}
⑧     </style>
⑨  </head>
⑩  <body>
⑪   <p>瑜伽工作室開幕！</p>
⑫  </body>
⑬  </html>
```

### ③寫在外部檔案裡

如果想把 CSS 的設計資訊，運用在好幾個 HTML 頁面，一般

都會讀取外部CSS檔案後再使用。此外，想將HTML和設計分離時也會使用，方法一直不斷增加。

　　在這個情況下，就需要將<link>標籤置入<head>裡，設定讀取指定的CSS檔案。

### （例）如果要將以 **<p>** 標籤包圍的文章變成粗體字

　　請將前頁程式碼中的6～8行，更換為以下的程式碼。

```
1   <ling href="css/style.css" type="text/css" rel="stylesheet">
```

　　放置於外部的CSS檔案：儲存位置「css/style.css」

```
1   p{font-weight: bold;}
```

# 4

---

# 版型設計上須知的六個
# 基礎知識

在學習CSS時，希望各位能先掌握一些知識，以下將介紹幾個基本的設計Know-how！

## 如何調整文字和背景的基本外觀？

以下說明接下來將要學習、也具備實用性的版型設計知識。細節將在下一節解說，在目前這個階段，請先了解「原來有這樣的技巧」即可。

font-family：指定文字的字體。

color：指定文字顏色。

font-weight：指定文字的粗細。

font-size：指定文字的大小。

text-align：指定文字對齊方式（靠左、靠中、靠右）。

background-color：指定背景顏色。

今後製作登陸頁面時，這些都是最常使用的排版指令。

此外，關於撰寫CSS的位置，會依據副業的案件不同，有可能會寫在<head>～</head>，也可能製作成外部檔案。為了能夠對應使用兩者，本書準備了兩個方法，在「Let's Try」中將會寫在<head>～</head>部分，練習部分則是寫在外部檔案裡。

---

**Memo　這樣設計順序，幫你喚起瀏覽者的「欲望」**

「POP廣告」是在藥妝店、超市等經常看見的商品宣傳方式。從POP小小的區塊中，我們能學會喚起顧客「購買」念頭的設計順序。首先，一般的POP設計順序，幾乎都是以下這樣的內容。

**京都精華町草莓**

由當地農家種植，甜美又多汁的草莓。

**一袋 498 日圓**

　　然而，來到店裡的顧客，目的是什麼？並非為了商品本身，而是要「滿足自己的需求」，這才是真心話。也就是說，即使我們在設計最醒目的地方寫上商品名稱，結果多半都無法吸引顧客。那麼，試著修改成以下這樣的設計吧！

---

### 這也太讚了吧！又甜又大顆！

由當地農家種植，甜美又多汁的草莓。

京都精華町草莓
**一袋 498 日圓**

---

　　只要從「讓消費者了解能解決自身需求」的文案出發，就能吸引顧客注意，進而產生興趣。與其被一眼略過，就算顧客的目光只停留一秒鐘，也可能會產生興趣。設計時也需要利用這樣的觀點。而且即使在商務場合，只要能善用這種方法，就能成為能幹的工作者。

# 5

# 調整文字的字體，讓設計呈現想要的氛圍

　　文章的字體稱為「字型」（font）。字型會因為使用的裝置（電腦、手機等）不同，內建的字體種類也有差異。因此，為了讓網頁能在各式各樣的裝置上閱讀，就必須先指定好幾個字型的候選名單。

　　人們會依據文字的字體產生印象，例如淺顯易懂的感覺，或是如教科書　般生硬的印象等。藉由指定符合登陸頁面氛圍的字體，才能吸引正在瀏覽網頁的人。

### 指定文字字體的樣式表

　　font-family:字型名稱1, 字型名稱2, 字型名稱3……

## Let's Try 設定字體

　　請試著輸入以下程式碼到文字編輯器，再透過瀏覽器確認！

· **HTML**

```
1   <!DOCTYPE html>
2   <html lang="zh-Hant-TW">
3   <head>
4     <meta charset="UTF-8">
5     <title>瑜伽工作室開幕</title>
6     <style>
7     p.sample {font-family:"MS Gothic" ,"Osaka-等幅",Osaka-
      mono, monospace;}
8     </style>
9   </head>
10  <body>
11    <p>瑜伽工作室開幕！ 月費2,500日圓</p>
12    <p class="sample">瑜伽工作室開幕！月費2,500日圓</p>
13  </body>
14  </html>
```

　　字型名稱中如果有中文或半形空白，就用「" "」（半形雙引號）框起來。如果要指定好幾個字型，就從優先度高的開始，依序以「,」（半形逗點）區分書寫。

### 在瀏覽器中顯示的結果

瑜伽工作室開幕！ 月費2,500 日圓

**瑜伽工作室開幕！月費2,500 日圓**

如果第二行文字的字體變化了，就表示成功了。

# 6

---

# 改變文字的顏色和粗細

在字體之後，接下來我們試著用color、font-weight標籤，來指定文字的顏色和粗細。

在登陸頁面上，都會有一些想要強調的文字，例如價格、期限等。如果一直用相同的文字或粗細，使用者容易讀著讀著就略過了，因此為了要吸引他們的目光，就要改變顏色和粗細。

在調整登陸頁面文字的顏色、粗細時，經常使用的方式是：

・「免費」「0日圓」等→紅色。
・表示損益的單字→粗體字。

但以上兩者一旦使用過多，就無法吸引閱覽者的目光。以說話來比喻，請使用在「想要放大音量強調」的部分！

### 指定文字顏色的樣式表

color: 顏色數值；

（顏色的數值中，包括「顏色名稱」、「色碼」等資訊。我將會在第253頁關於色碼的章節中詳細說明。）

### 指定文字粗細的樣式表

font-weight: 文字的粗細；

（字體的粗細可指定normal、bold、100～900的數值等。數值越大，字體就越粗。）

## Let's Try 設定文字的粗細

將第185頁的Let's Try內容全選（ctrl+A）、複製（ctrl+C）。新開啟文字編輯器，將複製的內容貼上（ctrl+V）。將貼上的內容如下重新輸入，儲存起來後，再利用瀏覽器確認！

在之後的Let's Try中，如果有指定頁面作為參考使用的狀況，都要利用這個方式往下執行。

・將第186頁的第7行，換成以下的CSS程式碼。

```
1  p.sample {
2    color: yellow;
3    font-weight: bold;
4  }
```

**在瀏覽器中顯示的結果**

瑜伽工作室開幕！月費2,500 日圓

瑜伽工作室開幕！月費2,500日圓

如果第二行文字的顏色和粗細變化了，就表示成功了。

# 7

# 改變文字大小，凸顯標題層次

有些人在閱讀登陸頁面時，只會挑標題看。針對這樣的人，我們要採取的對策是，為了讓瀏覽者更容易看見標題或我們想要傳達的內容，便需要改變文字的大小。

## 改變字體大小，讓瀏覽者看見想強調的重點

在登陸頁面中，經常會如下分別改變文字的大小：

- 大標題要「特大」。
- 區分文章的次標題要「大」。
- 在文章裡重要的小標題要「中」。

幾個主要的瀏覽器標準是「16px」大小，特大是「32px」，大是「24px」，中是「18px」，依據這樣的大小來指定使用。最後，再一邊檢視整體設計的平衡感，一邊細部調整文字的大小。

### 指定文字大小的樣式表

font-size: 文字的尺寸；

文字的尺寸要用數值來指定。數值是用一種名為pixel（標記為px，即「像點」）的單位指定，數值越大，文字的尺寸就會變得越大。

## Let's Try 設定文字的大小

請試著參考第186頁的程式碼，重新改寫如下，儲存起來之後，再透過瀏覽器確認。

### · 將第 186 頁的第 7 行，換成以下的 CSS 程式碼。

```
1   p.sample {
2     font-size: 24px;
3   }
```

### 在瀏覽器中顯示的結果

瑜伽工作室開幕！月費2,500 日圓

瑜伽工作室開幕！月費2,500 日圓

# 8

# 調整文字對齊方式和頁面背景顏色，替文章增添節奏

如果要將文字的位置置中，以及調整頁面的背景色，可試著用 text-align、background-color 來指定！

為了吸引瀏覽者的目光，在登陸頁面中會將文字置中，或是將署名往右靠。這是為了讓瀏覽者閱讀時不覺得厭煩，而必須為文章加入一些不同的節奏。

## 指定背景色，幫助營造商品氛圍

登陸頁面的背景色，決定了要販售的商品或服務的氛圍。舉例來說，如果以女性顧客為目標，就可選擇「粉紅色」；如果目標客群是男性，便可選擇「黑色」；如果想要呈現嚴謹的風格，就使用「白色」或「藍色」。製作網頁時，請搭配使用適合氣氛的顏色！

### 指定文字對齊方式的樣式表

text-align: 對齊方式;

（對齊方式可輸入「left」〔靠左〕、「center」〔靠中〕、「right」〔靠右〕其中之一。如果不指定，文字就會自動靠左。）

### 指定頁面背景色的樣式表

background-color: 顏色數值;

（將在第253頁關於色碼的章節中詳細說明。）

## Let's Try 指定文字的對齊方式和背景顏色

試著參考第186頁的程式碼，如下重新輸入，儲存起來之後，再透過瀏覽器確認。

· 將第186頁的第7行，換成以下的CSS程式碼。

```
1  p.sample {
2    text-align: center;
3    background-color: black;
4    color: white;
5  }
```

## 在瀏覽器中顯示的結果

瑜伽工作室開幕！月費2,500 日圓

瑜伽工作室開幕！月費2,500 日圓

　　如果第二行文字的呈現位置和背景顏色有了變化，就表示成功了。如果背景顏色和文字的顏色相同，會看不出文字，因此要留意必須改變文字的顏色。

## 練習6

# 用CSS調整文字大小、顏色、位置

請試著設計瑜伽工作室的網路廣告頁面。

**・素材**

利用檔案總管（若是Mac系統則是Finder）從儲存的位置找到在練習5（第168頁）儲存的檔案「yoga-studio-lp.html」，用瀏覽器開啟後，就開始準備練習吧！

追加<style>～</style>，將CSS的敘述寫進<head>～</head>部分中。

**步驟一：將文字改為容易閱讀的字體，改變呈現的感覺**

將登陸頁面的文字改成容易閱讀的字體，提升易讀性。

・CSS（將程式碼輸入IITML的<style>～</style>之間。）

```
1  body {font-family: Arial, Hiragino Kaku Gothic ProN W3",
   Meiryo, sans-serif;}
```

## 步驟二：用 <h1> 將標題文字變大

一開始的標題，是希望吸引瀏覽者目光的部分。要讓文字針對女性顧客提出訴求，就使用白色的粗體字，尺寸也調到36px的特大字級。此外，試著讓文字置中，背景色則設定為淺綠色。

‧CSS（將程式碼輸入HTML的<style>～</style>之間。）

```
2  h1{
3    color: white; font-weight: bold; font-size: 36px;
4    text-align: center; background-color: lightgreen;
5  }
```

如果做到這一步，就儲存起來。和課題5一樣，找到儲存的檔案，接著透過瀏覽器來顯示。

## 核對答案

在瀏覽器中顯示的結果，如右圖及下頁圖。

## 本次追加的 CSS 部分

· HTML（僅摘錄 <head> ～ </head> 部分）

```
1   <head>
2   <meta charset="UTF-8">
3   <title>瑜伽工作室開幕</title>
4   <style>
5     body {font-family: Arial,"Hiragino Kaku Gothic ProN W3",
      Meiryo, sans-serif;}
6   h1 {
7     color: white; font-wight: bold; font-size: 36px;
8     text-align: center; background-color: lightgreen;
9   }
10  </style>
```

```
11  </head>
```

## 步驟三：從 HTML 將 <style> 標籤內的 CSS 指令獨立出來，存成外部檔案

　　將 <style>～</style> 這個範圍選起來，剪下。再開啟一個文字編輯器，將剪下的部分貼上。刪除 <style> 與 </style> 這兩個標籤，以「style.css」的檔名儲存在目錄「yogalp/css」當中（編碼為 UTF-8）。如果儲存好了，下次就可以從 HTML 讀取已儲存好的外部 CSS 檔案。

### 在 HTML 中指定讀取外部 CSS 檔案

```
1  <head>
2   <meta charset="UTF-8">
3   <title>瑜伽工作室開幕</title>
4   <link href="css/style.css" type="text/css" rel="stylesheet">
5  </head>
```

### 外部 CSS 的內容

```
1  body {font-family: Arial, "Hiragino Kaku Gothic ProN W3",
      Meiryo, sans-serif;}
2  h1{
3    color: white; font-wight: bold; font-size: 36px;
4    text-align: center; background-color: lightgreen;
```

```
5  }
```

（請注意，之前在HTML裡就有的<style>與</style>標籤，在外部CSS檔案中應刪除。因為它們已經不屬於HTML內部程式碼的一部分了。）

將變更後的HTML檔案、外部CSS檔案都儲存起來，利用瀏覽器重新整理後再確認時，請確認一下是否與取出之前的設計相同。（如果是Windows系統，重新整理網頁時用「F5」，Mac則是「Command+R」。）

## 練習6的正確程式碼答案

・HTML（yoga-sudio-lp.html）

```
1   <!DOCTYPE html>
2   <html lang="zh-Hant-TW">
3   <head>
4     <meta charset="UTF-8">
5     <title>瑜伽工作室開幕</title>
6     <link href="css/style.css" type="text/css" rel="stylesheet">
7   </head>
8   <body>
9     <header>
10      <h1>瑜伽工作室○月○日（日）開幕！月費2,500日圓</h1>
```

```
11   <figure>
12     <img src="images/yoga-woman.jpg" alt="瑜伽工作室開幕">
13     <figcaption>用瑜伽來調整心靈和身體的平衡吧！
       </figcaption>
14   </figure>
15   <p><a href="#cta">現在馬上報名</a></p>
16   </header>
17   <main>
18     <p><h2>其實，三十多歲以上的人正開始練瑜伽。</h2>
19     <blockquote><h3>體質有了改變的會員心聲</h3>
20     肩膀不再僵硬了（三十多歲）<br>最近不會閃到腰了！
       （四十多歲）</blockquote></p>
21     <p><h3>可以期待的效果！</h3>
22     針對突出的<big><strong>小腹</strong></big>！</p>
23     <p>練瑜伽還有其他三個效果！</p>
24     <p><ul>
25       <li>恢復情緒</li>
26       <li>舒展軀幹</li>
27       <li>排毒</li>
28     </ul></p>
29     <iframe width="560" height="315" src="https://www.
       youtube.com/embed/N4k2SKL0vvM" frameborder="0"
       allow="accelerometer; autoplay; encrypted-media; gyroscope;
       picture-in-picture" allowfullscreen></iframe>
30     <p id="cta"><a target="_blank" href="https://www.google.
```

```
          co.jp">報名點選這裡</a></p>
31    </main>
32    <footer>
33      <small>&copy;2019 hibi-yoga-studio.</small>
34    </footer>
35    </body>
36  </html>
```

・CSS（syle.css）

```
1  body{
2    font-family: Arial, "Hiragino Kaku Gothic ProN W3", Meiryo,
   sans-serif;
3  }
4
5  h1{
6    color: white; font-wight: bold; font-size: 36px;
7    text-align: center; background-color: lightgreen;
8  }
```

**零基礎寫程式**

□ CSS的功能是版型設計。

□ 文字的字體、大小可以用CSS來指定。

□ 使用CSS，也可以改變文字呈現的位置、顏色。

# 9

# 九個技巧，頁面更吸睛

在此將說明可實際運用的設計知識概要。相關細節將從下一節開始解說，在目前這個階段，請先了解「原來還有這樣的效果」即可。

max-width：指定圖像的最大寬度。

float：指定「文繞圖」的位置。

clearfix：解除「文繞圖」的設定。

border-radius：使用「圓角矩形」做為邊框。

background:linear-gradient：可替文字加上「螢光筆劃記」。

line-height：用來指定一行的高度。

hover、active：指定滑鼠「懸停」與「點擊」一個超連結時，文字應該要顯示的顏色、大小、樣式。

animation：為網頁元素加上動畫特效。

@media：用來指定網頁於特定媒體上（如：手機）該如何呈現。

其它「版型設計」你應該學習的部分：

・以簡約的設計為目標。

・關於色碼。

・關於去背圖像。

・確認不同裝置的方法。

> ### Memo 以「購物網站的登陸頁面」為參考！
>
> 　　接下來要介紹的許多方法，都是在製作登陸頁面時能吸引瀏覽者目光的設計。舉凡螢光筆劃記、動畫特效、於手機呈現不同版型等方法，都是製作頁面時十分需要的。
>
> 　　但這類吸引目光的效果，一旦使用過度，反而會造成反效果。那麼，使用的程度該怎麼拿捏？其實並沒有特別的標準。但這麼一來，如果你將來要自己製作登陸頁面、販售某項商品時，就很困擾了吧。
>
> 　　因此，只要記住以下這些問題，就能輕鬆以對。
>
> 　　・是針對男性？或針對女性？還是針對家庭？
>
> 　　・商品是食品？保健食品？減肥？
>
> 　　・瀏覽者是二十多歲？三十多歲？還是四十多歲？
>
> 　　雖然有以上種種差異，不過有一類網站可用來參考使用設計的方法，那就是「購物網站的登陸頁面」。
>
> 　　購物網站的登陸頁面經常都是針對「某個特定對象」所製作的。如果那些商品、服務所銷售的目標客群，和你預設想要販售的族群有相同的地方，都可以列為參考。
>
> 　　儘管自己的感覺也很重要，但我們一開始不知道設計是否恰到好處時，請務必參考其它網站的登陸頁面。

# 10

# 設定圖像的大小

在登陸頁面上，幾乎都一定會使用圖片。使用的圖片一旦大於原始的尺寸，畫質就會變差，看起來也不好看。因此，我們需要指定用適當的大小來顯示圖片。

## 在圖像的大小上要注意幾個重點

過去顯示的對象都是電腦，因此幾乎不會出現「圖像尺寸如果是既定的大小，畫質就會變差」的狀況。但現在不同了，除了電腦之外，還有許多終端裝置如手機、平板等，顯示畫面會呈現各種尺寸，也沒有所謂的既定圖像尺寸。

因此，圖像的顯示尺寸無論變得再怎麼大，也不會比原始圖片的尺寸更大，這一點必須留意。這不只是理論問題，而是會影響到感覺看起來的「外觀」。

### 指定圖像大小的樣式表指令

max-width: 圖片的尺寸；

圖片的尺寸要用「%」來指定。100%會讓原始圖像變成頁面寬度的最大尺寸。如果是90%，則是指「限制原始圖像最多到頁面寬度最大尺寸的90%」。換言之，考量到網頁外觀，圖片最大寬度可以允許指定到頁寬的100%。

## Let's Try 設定圖像的大小

請參考第186頁的程式碼，重新輸入如下，儲存起來後，再透過瀏覽器確認。

·將第186頁的程式碼第11～12行，替換為以下的HTML程式碼。

```
1  <img src="images/yoga-woman.jpg" alt="開始練瑜伽吧">
2  <img class="sample" src="images/yoga-woman.jpg" alt="開始練瑜伽吧">
```

·把第186頁的程式碼第7行，替換為以下的CSS程式碼。

```
1  img.sample{
2    max-width:40%
3  }
```

## 在瀏覽器中顯示的結果

　　如果第二張圖像的大小，顯示為原圖的40%，就表示剛才的設定成功了。

# 11

# 指定「文繞圖」的位置

如果希望讓文字圍繞在圖像周圍，可利用float來指定。

在登陸頁面中，有時候會希望讓「和圖像有關的文字」，環繞在圖像的右方或左方。這是因為我們必須利用圖像吸引瀏覽者目光，並且讓使用者閱讀更詳細的說明。

指定顯示位置的主體就是圖片。要讓圖片顯示在左邊或右邊，就由文字的顯示位置來決定。如果讓圖像顯示在左側，文字就在右邊；如果讓圖像顯示在右側，文字就會在左邊。

### 指定顯示位置的樣式表

float: 顯示位置;

（顯示位置要指定「left」或「right」其中之一。）

# Let's Try 調整「文繞圖」的位置

請參考第186頁的程式碼，重新輸入如下，儲存起來後，再透過瀏覽器確認！

・將第186頁的程式碼第11～12行，替換為以下的HTML程式碼。

```
1  <figure><img src="images/yoga-woman.jpg" alt="開始練瑜
   伽吧"><figcaption>做了瑜伽，體態就會變好</figcaption></
   figure><p>女性想要減肥時的關鍵因素是什麼？</p>
2  <figure class="sample"><img src="images/yoga-woman.jpg"
   alt="開始練瑜伽吧"><figcaption>做了瑜伽，體態就會變好
   </figcaption></figure><p>女性想要減肥時的關鍵因素是什
   麼？</p>
```

・將第186頁程式碼的第7行，替換為以下的CSS程式碼。

```
1  figure.sample {
2    float: right;
3  }
```

做了瑜伽，體態就會變好
女性想要減肥時的關鍵因素是什麼？
女性想要減肥時的關鍵因素是什麼？

做了瑜伽，體態就會變好

　　如果第二張圖像跑到了右邊，而文字跑到了左邊，就表示成功了。

# 12

## 解除「文繞圖」的設定

為了解除在上一節介紹過的float，就要指定clearfix標籤。

## 為什麼要解除「文繞圖」的設定？

藉由float，我們實現了文字和圖像的繞行。但是，如果一直維持這個狀態，後方所有的文字，就會全部維持在「繞行」的狀態。為了讓某些文字開始，不要「文繞圖」，我們必須解除繞行設定。

解除的指令稱為「clearfix」。clearfix有各式各樣的方式，這次要告訴各位其中較為簡單的方法。

### 解除繞行的樣式表指令

```
content:" ";
display: block;
clear: both;
```

（與其了解每個指令，不如先套用看看，先將可解除「文繞

圖」的指令記起來！）

# Let's Try 解除繞行

請參考第186頁的程式碼，重新輸入如下，儲存起來後，再透過瀏覽器確認！

·將第186頁程式碼的第11～12行，替換為以下的HTML程式碼。

```
1  <figure class="sample"><img src="images/yoga-woman.jpg"
   alt="開始練瑜伽吧"><figcaption>做了瑜伽，體態就會變好
   </figcaption></figure>
2  <p class="clearfix">女性想要減肥時的關鍵因素是什麼？</p>
3  <h2>想讓鏡子裡的自己變美！</h2>
```

·將第186頁程式碼的第7行，替換為以下的CSS程式碼。

```
1  figure.sample {
2   float: right;
3  }
4  .clearfix:after {
5   content:"";
6   display: block;
7   clear: both
8  }
```

## 在瀏覽器中顯示的結果

如果繞行已被解除，<h2>的部分在圖像的下一行往左靠，就表示成功了。

# 13

## 加上圓角的邊框，增加柔和氛圍

為框角加上圓弧形，就能創造柔和的氛圍！這可以用border-radius指定。

## 指定圓角邊框的設計，主要用在哪些網頁？

在登陸頁面中，有時候會用外框包圍住如「顧客心聲」等，這類希望瀏覽者注意的內容。如果是一般的商品或服務，四個角落即使用方方正正的邊框也無妨，但如果銷售的商品、服務要以「來自大自然」、「柔軟的印象」、「溫和的印象」等圖像來呈現，那麼邊框的四個角落若是改成圓滑的「圓角框」，更能讓瀏覽者感受到愉快的氛圍。

### 指定圓角邊框的樣式表

border-radius: 圓角弧度設定值；

（圓角弧度設定值，可以使用px、%、em等單位。一開始學習時，則是先使用px。）

## Let's Try 設定圓角的邊框

請參考第186頁的程式碼，重新輸入如下，儲存起來後，再透過瀏覽器確認！

・將第186頁的程式碼第11～12行，替換為以下的HTML程式碼。

```
1  <p>瑜伽工作室開幕！月費2,500日圓</p>
2  <p class="sample">瑜伽工作室開幕！月費2,500日圓</p>
```

・將第186頁程式碼的第7行，替換為以下的CSS程式碼。

```
1  p.sample {
2    background-color: lightgray;
3    max-width: 300px;
4    text-align: center;
5    border-radius: 5px;
6  }
```

**在瀏覽器中顯示的結果**

> 瑜伽工作室開幕!月費2,500 日圓
>
> 瑜伽工作室開幕!月費2,500 日圓

如果文字邊框四周變成圓角框,就表示成功了。

**Point**　　　如果將border-radius的「圓角弧度設定值」改成10px或30px等數值,再透過瀏覽器顯示,就能實際體驗到圓角會因數值而產生什麼樣的變化。各位不妨試試看。

# 14

# 利用「螢光筆劃記」來強調文字

如果想讓文句變得更醒目，常用的方法就是加上螢光筆劃記。

## 「螢光筆劃記」就像真的用螢光筆劃過文字

之前提過，想在文章中強調文句時，可以用「粗體字」的方法。但如果想要比粗體字更醒目、絕對要吸引瀏覽者目光時，更有效的方式就是「螢光筆劃記」。即使是紙本資料，畫上黃色螢光筆的部分也更容易吸引注意，可以期待和畫螢光筆的方法有相同的效果。

### 指定螢光筆劃記的樣式表指令

background:linear-gradient(Transparent 標記的高度 , 色碼 , 標記的高度 );

（標記的高度使用「%」。數值越小，標記就越粗；數值越大，標記就越細。）

# Let's Try 添加螢光筆劃記

請參考第186頁的程式碼，重新輸入如下，儲存起來後，再透過瀏覽器確認！

·將第186頁的程式碼第11～12行，替換為以下的HTML程式碼。

```
1   <p>瑜伽工作室開幕！月費2,500日圓</p>
2   <p>瑜伽工作室開幕！<strong class="gokubuto">月費2,500
    日圓</strong ></p>
3   <p>瑜伽工作室開幕！<strong class="futo">月費2,500日圓
    </strong ></p>
4   <p>瑜伽工作室開幕！<strong class="hoso">月費2,500日圓
    </strong ></p>
```

·將第186頁的程式碼第7行，替換為以下的CSS程式碼。

```
1   strong.gokubuto {
2     background:linear-gradient(transparent 10%, yellow 10%);
3   }
4   strong.futo {
5     background:linear-gradient(transparent 65%, yellow 65%);
6   }
7   strong.hoso {
```

```
8    background:linear-gradient(transparent 90%, yellow 90%);
9  }
```

## 在瀏覽器中顯示的結果

---

瑜伽工作室開幕！月費2,500 日圓

瑜伽工作室開幕！ **月費2,500 日圓**

瑜伽工作室開幕！ **月費2,500 日圓**

瑜伽工作室開幕！ **月費2,500 日圓**

---

　　如果第2～4行顯示出粗細不同的螢光筆劃記，就表示成功了。

練習7

# 設定文繞圖、添加圓角框和螢光筆劃記

請延續上一次的練習，試著設計瑜伽工作室的網路廣告！

・素材

　　利用檔案總管（若用Mac系統則是Finder）從儲存的位置找到在練習6（第195頁）儲存的檔案「yoga-studio-lp.html」，用瀏覽器開啟後，就開始準備練習吧。

## 步驟一： 在「三十多歲以上的人」部分標上「螢光筆劃記」

　　・HTML（輸入至 yoga-studio-lp.html）

```
1    <h2>其實，<span class="yellow-futo">三十多歲以上的人</
     span>正開始練瑜伽。</h2>
```

　　・CSS（輸入至 style.css）

```
1    .yellow-futo {
2      background:linear-gradient(transparent 65%, yellow 65%);
3    }
```

### 步驟二：在「練瑜伽還有其他三個效果！」加上圓角框

· HTML（輸入至 yoga-studio-lp.html）

```
2  <p class="kadomaru-box">練瑜伽還有其他三個效果！</p>
```

· CSS（輸入 style.css）

```
4  .kadomaru-box {
5    background-color: lightgrey; max-width: 300px;
6    text-align: center; border-radius: 5px;
7  }
```

如果做到這一步，就分別儲存「yoga-studio-lp.html」和「style.css」這兩個檔案。

如同練習6，找到儲存起來的檔案。接著透過瀏覽器來顯示「yoga-studio-lp.html」檔案。如果無法順利顯示，先冷靜下來，依序分別查看兩個檔案。

### 步驟三：將圖像加上顧客心聲，讓感想的內容繞在圖像的右側

· CSS（輸入 style.css）

```
8   .cv-contents {max-width: 800px;}
9   .cv-contents figure {float: left; max-width: 350px;}
10  .cv-contents blockquote {text-align: left;}
11  .clearfix:after {content:""; display: block; clear: both;}
```

**提示：**從「.」開始的每一個部分，都很容易忘記，請特別留意！

在「其實，三十多歲以上的人正開始練瑜伽。」這句話之後置入圖像。要使用的圖像檔案，請將在練習2準備好的「proglp/yogalp/images」目錄裡的「yoga-cv.jpg」檔案複製到「文件/yogalp/images」（Mac亦同）。

顯示引用之後，解除繞行。之前為了製作繞行的區域，已經追加過 <div> 標籤了，因此要輸入結束標籤。

・HTML（輸入 yoga-studio-lp.html）

```
3   <p><h2>其實，<span class="yellow-futo">三十多歲以上的
    人 </span>正開始練瑜伽。</h2>
4   <div class="cv-contents">
5    <figure>
6     <img scr="image/yoga-cv.jpg" alt=" 會員心聲 ">
7     <figcaption>身體的平衡感也會提升！</figcaption >
8    </figure>
9    <blockquote class="clearfix"><h3>體質有了改變的會員心聲
      </h3>肩膀不再僵硬了（三十多歲）<br>最近不會閃到腰
      了！（四十多歲）</blockquote>
10  </div>
11  </p>
```

　　上方的HTML程式碼中，第4行的\<div>和第10行的\</div>、第9行\<blockquote >的「class="clearfix"」就是解除繞行的關鍵。如果做到這一步，就分別儲存「yoga-studio-lp.html」和「style.css」這兩個檔案。如同第220頁，找到儲存起來的檔案。接著透過瀏覽器來顯示「yoga-studio-lp.html」的檔案。

## 核對答案

## 練習 7 的正確程式碼答案

· HTML

將從第 200 頁練習 6 的正確程式碼中「<p><h2>其實，三十多歲以上的人～」開始成對的「</p>」部分，替掉為以下第 2～11 行的程式碼。

第 1 行雖然和練習 6 一樣，不過為了容易理解，這裡還是保留下來。

```
1   <main>
2     <p><h2>其實，<span class="yellow-futo">三十多歲以上
    的人 </span>正開始練瑜伽。</h2>
3     <div class="cv-contents">
4       <figure>
5       <img scr="images/yoga-cv.jpg" alt=" 會員心聲 ">
6     <figcaption>身體的平衡感也會提升！</figcaption >
7     </figure>
8     <blockquote class="clearfix"><h3>體質有了改變的會員心
    聲 </h3>
9       肩膀不再僵硬了（三十多歲）<br>最近不會閃到腰了！
    （四十多歲）</blockquote>
10    </div>
11    </p>
```

・CSS

在練習6的程式碼中追加以下內容。

```
1  .yellow-futo {
2    background:linear-gradient(transparent 65%, yellow 65%);
3  }
4
5   .kadomaru-box {
6    background-color: lightgrey; max-width: 300px;
7    text-align: center; border-radius: 5px;
8  }
9
10 .cv-contents {
11   max-width: 800px;
12 }
13
14 .cv-contents figure{/* 只針對cv-contents被指定的部分中的
   figure標籤產生效果 */
15   float: left;
16   max-width: 350px;
17 }
18
19 .cv-contents blockquote {/* 只針對cv-contents被指定的部分
   中的blockquote標籤產生效果 */
```

```
20   text-align: left;
21 }
22
23 .clearfix:after {
24   content:"";
25   display: block;
26 clear: both;
27 }
```

上方程式碼中以「/*～*/」圍起來的部分，稱為「註解」。可用於自行記錄CSS程式碼正在做什麼，亦可用於傳達訊息給其他人而寫入相關資訊。

## 零基礎寫程式

☐ 使用「文繞圖」效果，呈現出的印象就會煥然一新。

☐ 執行繞行之後，別忘了解除！

☐ 圓角框、螢光筆劃記等方式，經常用於登陸頁面中。

# 15

# 在文字行距間留點空白，讓閱讀多點喘息

為了讓瀏覽者順暢的閱讀文章，我們需要調整文字行距的空白。這時可用 line-height 來指定。

在登陸頁面中，讓文章變得更容易閱讀的祕訣，就是必須花點心思、讓文字行距保持一些空間，使得文章讀起來不會像是「黏在一起的文字塊」一樣。

## 行高的計算方法

所謂行高，是指文字的高度加上上下空白的數值：

「行高 ＝ 文字高度 ＋ 上下空白」

比方說，如果是文字 12px 的文章，行高 26px 的情況，計算方式就是「26px－12px ＝ 14px」，文字的上下會各產生 14px 的一半，也就是 7px 的空白。

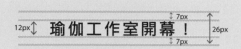

### 指定行與行之間的空白的樣式表

line-height: 行高的數值；

（行高的數值，可以使用px、%、em等單位。但一開始學習請先使用px吧！）

## Let's Try 設定行高

試著以第186頁的程式碼為參考，重新輸入如下，儲存起來之後，再透過瀏覽器確認！

・將第186頁的第11〜12行，替換成以下的HTML程式碼。

1　`<p>`從基本開始，就能學會受歡迎的瑜伽！`<br>`
瑜伽的人氣超越世代，普遍受到歡迎。從基礎瑜伽到孕婦瑜伽、銀髮族瑜伽，都能享受適合你的瑜伽！`</p>`

2　`<p class="sample">`從基本開始，就能學會受歡迎的瑜伽！`<br>`
瑜伽的人氣超越世代，普遍受到歡迎。從基礎瑜伽到孕婦瑜伽、銀髮族瑜伽，都能享受適合你的瑜伽！`</p>`

‧把第186頁的第7行，替換成以下的CSS程式碼。

```
1    p.sample {
2      line-height: 36px;
3    }
```

## 透過瀏覽器顯示的結果

從基本開始，就能學會受歡迎的瑜伽！
瑜伽的人氣超越世代，普遍受到歡迎。從基礎瑜伽到孕婦 瑜伽、銀髮族瑜伽，都能享受適合你的瑜伽！

從基本開始，就能學會受歡迎的瑜伽！

瑜伽的人氣超越世代，普遍受到歡迎。從基礎瑜伽到孕婦 瑜伽、銀髮族瑜伽，都能享受適合你的瑜伽！

如果第二個段落的行距變寬，就表示成功了。

# 16

## 游標一碰到連結，
## 文字設計就會改變

在瀏覽網頁時經常會看到，當游標一碰到寫著「交通方式點選這裡」這類的文字，設計就會改變。這些都可以用hover、active等標籤來指定。

## 什麼是「虛擬類別」？怎麼設定？

當滑鼠游標懸停在超連結上方、或者按下左鍵點擊時，若改變樣式，就會吸引瀏覽者的目光。此外，藉由改變樣式，視覺辨識度就會提高。

還有，藉由指定「滑鼠懸停」、「滑鼠點擊」等「虛擬類別」的樣式表指令，就能夠在一瞬間改變設計。（按：所謂虛擬類別，是依附在「一般類別」之下，用來指定一般類別處於不同狀態時，應呈現哪些不同外觀效果。如設定於 a:hover 之下的樣式表指令，就可用來告訴系統，當滑鼠游標懸停於超連結之上時，應該呈現怎麼樣的效果。）

:hover→滑鼠懸停的狀態。

:active→滑鼠點擊的狀態。

## 當游標懸停到超連結上方，就會改變文字設計的樣式表

```
a:hover {
background-color: 色碼 ; color: 色碼 ;
}
```

```
a:active {
background-color: 色碼 ; color: 色碼 ;
}
```

## Let's Try 設定「游標懸停到超連結上方，文字設計就會改變」

試著以第186頁的程式碼為參考，重新輸入如下，儲存起來之後，再透過瀏覽器確認！

‧將第186頁的第11～12行，替換為以下的HTML程式碼。

```
1  <a href="#">報名點選這裡</a>
```

‧將第186頁的第7行，替換為以下的CSS程式碼。

```
1  a:hover {
2    background-color: blue; color: white;
3  }
4  a:active {
5    background-color: lightpink; color: white;
6  }
```

## 在瀏覽器中顯示的結果

報名點選這裡

原本顯示的狀態

報名點選這裡

滑鼠游標懸停時的狀態

報名點選這裡

滑鼠點過超連結後的狀態

　　當滑鼠游標懸停在超連結上時，文字底色呈現「藍色」，點擊之後就會變成「淺粉紅色」。

# 17

# 為連結加上彈跳的動畫效果，
# 被點擊的次數就會增加

為連結加上彈跳的動畫效果，就更能吸引瀏覽者的目光。這種方法可以用animation來指定！

## 有彈跳的動畫效果很複雜

一旦在連結上附加「彈跳的動畫效果」，不知道為什麼，瀏覽者點擊的次數就是會增加。因此，這個設計手法經常使用在商品或服務的登陸頁面中。

要完全理解彈跳的動畫效果怎麼運作，是複雜且令人費解的。因此，把複雜的功能「直接拿來使用」也是一個方法。如果能夠留意到程式碼的著作權，並且也可利用自由軟體來實現的話，就請直接拿來使用吧！

（是否為自由授權，應洽詢刊載程式碼的網站管理者，或者是先在版權政策等頁面上，確認是否有相關的聲明文字。）

# Let's Try 添加「彈跳動畫效果」！

請試著以第186頁的程式碼為參考，重新輸入如下，儲存起來之後，再透過瀏覽器確認！

·將第186頁的程式碼第11～12行，替換為以下的HTML程式碼。

```
1  <a href="#">報名點選這裡 </a>
```

·將第186頁的程式碼第7行，替換為以下的CSS程式碼。

```
1   a {
2     display: block;
3     animation: prunprun 2.2s ease-in infinite;
4     -webkit-animation: prunprun 2.2s ease-in infinite;
5     -moz-animation: prunprun 2.2s ease-in infinite;
6     -o-animation: prunprun 2.2s ease-in infinite;
7     -ms-animation: prunprun 2.2s easc-in infinite;
8   }
9   @keyframes prunprun {
10  48%, 62% {transform: scale(1.0, 1.0);}
11  50% {transform: scale(1.1, 0.9);}
12  56% {transform: scale(0.9, 1.1) translate(0, -5px);}
13  59% {transform: scale(1.0, 1.0) translate(0, -3px);}
```

```
14 }
15 @-webkit-keyframes prunprun{
16 48%, 62% {-webkit-transform: scale(1.0, 1.0);}
17 50% {-webkit-transform: scale(1.1, 0.9);}
18 56% {-webkit-transform: scale(0.9, 1.1) translate(0, -5px);}
19 59% {-webkit-transform: scale(1.0, 1.0) translate(0, -3px);}
20 }
```

## 在瀏覽器中顯示的結果

報名點選這裡

雖然連結會產生彈跳的動作，但在書本紙面上是看不出來
的，因此請在練習8之中實際體驗看看。

練習8

# 文字行距拉大、
# 改變連結顏色、讓連結彈跳

　　請延續前一次的練習，在瑜伽工作室的網路廣告頁面添加更多設計！

## ・素材

　　利用檔案總管（若用Mac系統則是Finder）從儲存的位置找到在練習7（第219頁）儲存的檔案「yoga-studio-lp.html」，用瀏覽器開啟後，就開始準備練習吧。

## 步驟一：擴大「會員心聲」的行距

　　・在CSS追加「line-height」的部分（輸入到style.css）

```
1  .cv-contents {
2    max-width: 800px;
3    line-height: 36px;
4  }
```

## 步驟二：利用圓角框將連結圍起來

· CSS（輸入到 style.css）

```
5   a {
6     background-color: blue; color: white; font-size: 20px;
7     text-align: center; border-radius: 5px;
8   }
```

## 步驟三：當滑鼠碰到連結時，連結會改變顏色

· CSS（輸入到 style.css）

```
9    a:hover {
10     background-color: darkblue; color: white;
11   }
12   a:active {
13     background-color: pink; color: white;
14   }
```

### 提示

要注意別忘了「a」和「hover」、「active」之間的「:」。

## 步驟四：讓連結跳動

· 從「text-decoration」開始追加以下的部分到 CSS（輸入到 style.css）

```
15  a {
16    background-color: blue; color: white; font-size: 20px;
17  :
18    text-decoration: none; max-width: 300px;
19    display:block;
20    animation: prunprun 2.2s ease-in infinite;
21    -webkit-animation: prunprun 2.2s ease-in infinite;
22    -moz-animation: prunprun 2.2s ease-in infinite;
23    -o-animation: prunprun 2.2s ease-in infinite;
24    -ms-animation: prunprun 2.2s ease-in infinite;
25  }
```

　　利用「text-decoration: none」消去連結的底線，再利用「max-width」指定按鈕寬度的最大尺寸。這麼一來，氛圍就會隨之改變。還有，在前一次學習（第232至234頁）時提到的「@keyframes」、「@-webkit-keyframes」的部分則維持不變，直接追加到這次練習中使用的CSS檔案「style.css」裡。

　　如果做到這一步，就儲存起來。如同第235頁，找到儲存起來的檔案。接著透過瀏覽器顯示「yoga-studio-lp.html」檔案。

## 核對答案

### 練習8的正確程式碼答案

・HTML

與第223頁練習7的正確程式碼相同。

・CSS

將以下的程式碼追加到第224～225頁練習7的正確程式碼中。第1～2行雖然和練習7一樣，不過為了容易理解，這裡還是保留下來。

```
 1  .cv-contents {
 2    max-width: 800px;
 3    line-height: 36px;
 4  }
 5
 6  a {
 7    background-color: blue; color: white; font-size: 20px;
 8    text-align: center; border-radius: 5px;
 9    text-decoration: none; max-width: 300px;
10    display:block;
11    animation: prunprun 2.2s ease-in infinite;
12    -webkit-animation: prunprun 2.2s ease-in infinite;
13    -moz-animation: prunprun 2.2s ease-in infinite;
14    -o-animation: prunprun 2.2s ease-in infinite;
15    -ms-animation: prunprun 2.2s ease-in infinite;
16  }
17
18  @keyframes prunprun {
19  48%, 62% {transform: scale(1.0, 1.0);}
20  50% {transform: scale(1.1, 0.9);}
21  56% {transform: scale(0.9, 1.1) translate(0, -5px);}
22  59% {transform: scale(1.0, 1.0) translate(0, -3px);}
23  }
24
25  @-webkit-keyframes prunprun {
```

```
26  48%, 62% {-webkit-transform: scale(1.0, 1.0);}
27  50% {-webkit-transform: scale(1.1, 0.9);}
28  56% {-webkit-transform: scale(0.9, 1.1) translate(0, -5px);}
29  59% {-webkit-transform: scale(1.0, 1.0) translate(0, -3px);}
30  }
31
32  a:hover {
33    background-color:darkblue; color: white;
34  }
35  a:active {
36    background-color: pink; color: white;
37  }
```

在這次的練習中，我們只變更了CSS。明明沒有改變HTML程式碼，設計卻有了變化。這就是我在第175頁提到的，將文書的結構和版型設計分離的效果。

零基礎寫程式

□文字行距是否留白，將左右瀏覽者閱讀文章時的印象。

□滑鼠懸停在超連結上方後改變顏色，在視覺上也較易理解。

□「彈跳的動畫效果」不知為何總能吸引瀏覽者注意，如果有機會的話請試用看看！

# 18

# 讓網頁在手機上也容易瀏覽

不只在電腦瀏覽網頁，也必須讓它容易在手機上閱讀，可試著用＠media來指定！

## 看網頁不再僅限於電腦，用手機瀏覽已成主流

過去，瀏覽登陸頁面的終端裝置，都是以個人電腦為主流。但自從iPhone問世以後，瀏覽「含有登陸頁面的網站」，就開始以手機為主流了。因此，我們必須讓網頁能用電腦看，也容易用手機瀏覽。

當終端裝置改變，瀏覽方式和使用方法也得隨著改變，由於電腦的畫面較大，即便文字字體稍小，也能夠閱讀。但如果是畫面尺寸比電腦小得多的手機，文字如果太小，就很難閱讀。

此外，電腦瀏覽是以滑鼠來點擊按鈕，但手機則是用手指點擊，因此必須將按鈕設計成能用手指按到的大小才行。

## Let's Try 修改網頁程式碼，讓它在手機上也容易瀏覽

試著以第186頁的程式碼為參考，重新輸入如下，儲存起來之後，再透過瀏覽器確認！

‧將以下的HTML程式碼，複製、貼上到第 186 頁程式碼第4行（<meta charset="UTF-8">）的下方：

```
1    <meta name="viewport" content=" width=device-width,
     initial-scale=1">
```

name="viewport"，代表將利用 content="" 裡面的值，來設定整個網頁的可視範圍（viewport）。而 content="" 裡面的width=device-width，則告知系統「用設備的螢幕寬度（device width），做為網頁的寬度」。如此就能把網頁打造成，根據螢幕寬度來自動縮放的響應式網頁設計（Responsive Web Design）。也可以用「initial-scale」來指定網頁載入後的縮放比例。「initial-scale=1」就代表網頁載入設備後，無需縮放，依照原尺寸呈現。

‧將第186頁程式碼的第7行，替換為以下的CSS程式碼。

```
1    @media screen and (max-width:600px) {
2    }
```

「@media」用來告訴系統，接下來的設定必須根據不同的顯示裝置而定。「screen」則告訴系統，接下來的設定是針對電腦、手機、平板這類「螢幕」而定的。

「max-width:600px」則是表示，如果螢幕寬度小於或等於600px，則套用後方 { } 之間的 CSS 樣式表指令。

電腦寬度為 601px以上

手機寬度 則最多到 600px為止

## 響應式網頁設計的文字尺寸，用倍率指定

截至目前為止，當我們要指定文字尺寸時，都是使用「px」這個單位。然而，如果想製作出依照螢幕寬度自動縮放的響應式網頁，頁面寬度就不適合用「px」來表示，而是要用相對於螢幕寬度的「倍率」來指定。

利用倍率的指定方法也有好幾種，但在此請先記住名為「vw」的單位。所謂「vw」是「viewport」的簡稱，表示對於畫面寬度的比率。順帶一提，若顯示設備是一般的桌機電腦，系統會將瀏覽器的寬度，預設為「100vw」。如果想讓電腦的瀏

覽器寬度變成「1000px」，文字尺寸變成36px，計算方式就是
36÷1000×100=3.6vw。

# Let's Try 設定「h1的標題尺寸」

．將第186頁程式碼的第11～12行，替換為以下的程式碼。

```
2    <h1>瑜伽工作室開幕！月費2,500日圓</h1>
```

設定如何在桌機電腦顯示 <h1>：請將下列CSS程式碼，插
入到第242頁的「@media screen and (max-width:600px)」之前
一行：

```
3    h1 {
4        font-size:36px;
5    }
```

設定如何在手機螢幕顯示<h1>：將下列CSS程式碼，插入到
第242頁的「@media screen and (max-width:600px)」左右大括號
{ }之內：

```
6    h1 {
7        font-size:3.6vw;
8    }
```

**電腦上呈現的畫面**

> # 瑜伽工作室開幕！月費2,500 日圓

**手機上呈現的畫面**

> 瑜伽工作室開幕！月費2,500 日圓

　　前面提到的兩段與h1相關的CSS程式碼，前一段左右大括號內的樣式表指令，是用來告訴系統，如何在桌機電腦的螢幕顯示h1。後一段左右大括號內的樣式表指令，是用來告訴系統，如何在寬度600px以下的螢幕顯示h1。

　　就像這樣，透過以顯示於桌機電腦螢幕的版型為準，利用@media之下的樣式表指令，微調出適用於其它設備螢幕寬度的版型設計，就能做出一份通用於所有螢幕寬度的網頁。（如何利用瀏覽器，模擬桌機、手機、平板等各種螢幕寬度，請參閱第256頁。能讓我們檢視網頁在不同裝置的顯示樣貌。）

　　響應式網頁不只能改變文字尺寸，也能改變排版，讓我們在電腦和手機螢幕間，切換不同版型。這個技術，可以讓我們於不同顯示設備中，執行不同的行銷手法。例如，在手機中顯示「○○萬日圓」卻在電腦螢幕中顯示「ＸＸ萬日圓」。這種手法，常用於行銷不同的業務內容。

# 練習9
# 讓網頁方便在手機上瀏覽、
# 調整圖像尺寸、解除繞行

延續先前的課題，試著調整瑜伽工作室的網路廣告頁面！

## ・素材

利用檔案總管（若用Mac系統則是Finder）從儲存的位置找到在練習8（第235頁）儲存的檔案「yoga-studio-lp.html」，用瀏覽器開啟後，就開始準備練習。

## 步驟一：準備響應式網頁的設計

・將viewport的部分（第3行），輸入到HTML（yoga-sudio-lp.html）中。

```
1  <head>
2    <meta charset="UTF-8">
3    <meta name="viewport" content="width=device-width, initial-scale=1">
     :
4  </head>
```

· 輸入到CSS（style.css）的最下面一行。

```
1  @media screen and (max-width:600px) {
2  }
```

**提示:**不要忘了「@」！

## 步驟二：設定為用手機也容易閱讀的文字尺寸

· 輸入到CSS（style.css）的 @media的 { 和 } 之間。

```
3  body {font-size: 1.6vw;}
4  h1 {font-size: 3.6vw;}
5  a {font-size: 5.0vw;}
```

## 步驟三：調整圖像尺寸

· 輸入到CSS（style.css）的 @media的 { 和 } 之間。

```
6  a {max-width: 100%;}
```

## 步驟四：解除「會員心聲」的繞行，以直向顯示

· 輸入到CSS（style.css）的 @media的 { 和 } 之間。

```
7  .cv-contents figure {float: none; max-width: 200px;}
```

　　如果做到這一步，就將「yoga-studio-lp.html」和「style.css」儲存起來。和第246頁相同，找到儲存起來的檔案。接著再透過瀏覽器顯示「yoga-studio-lp.html」檔案（利用瀏覽器顯示響應式網頁設計的方法，請參閱第256頁）。

## 核對答案

電腦

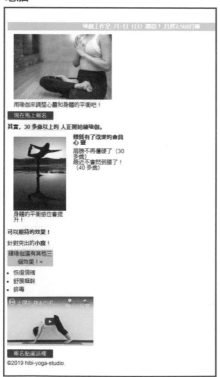

手機

## 練習 **9** 的正確程式碼答案

・HTML

將第3行追加到第238～240頁練習8的正確程式碼中。

為了容易理解，這裡還是保留第1～2行、第4～6行。

```
1  <head>
2    <meta charset="UTF-8">
3    <meta name="viewport" content="width=device-width,
   initial-scale=1">
4    <title>瑜伽工作室開幕</title>
5    <link href="css/style.css" type="text/css" rel="stylesheet">
6  </head>
```

・CSS

將以下程式碼追加到練習8的正確程式碼中。

```
1  @media screen and (max-width:600px) {
2    body {font-size: 1.6vw;}
3    h1 {font-size: 3.6vw;}
4    a {font-size: 5.0vw;}
5    img {max-width: 100%;}
6    .cv-contents figure {
7      float: none;
8      max-width: 200px;
9    }
10 }
```

# 19

# CSS網頁設計的三大訣竅

到目前為止，我們已經學會使用CSS設計網頁的方法，但如果能利用以下三個重點，網頁外觀和你花費的工夫都會帶來很大的改變！

## 你應該知道的三個設計重點

登陸頁面的設計工作中，經常會請客戶提供草稿。雖然我們可以看著草稿來製作，不過只要留意以下三個重點，網頁外觀將會有所改變，你也會省下不少工夫。

### ・將網頁各元素的末端對齊

排列圖像、文章的時候，只要將上下左右的末端對齊，就能呈現端正的感覺。

### ・某段落置中時，不要忽略那些不該置中的元素

將圖像、文章橫向置中時，有時我們會希望「條列文字」或

「顧客心得」這些資訊不要置中、而是向左靠。或者將賣家的署名向右靠、而不是置中。雖然是很細微的部分，不過請在一開始就先確認好。

### ‧ 別想著追求完美

　　登陸頁面可以利用電腦、手機、平板等各式各樣的裝置瀏覽。因此，我們無法在所有設備螢幕上重現相同的設計。請把目標放在讓八成的螢幕能呈現相同的版型設計，接著再針對剩下那兩成不同尺寸的螢幕分別微調。

# 20

# 設計以簡約為目標，<br>善用「留白」

如果不知道該選擇採用什麼樣的設計概念，不妨參考一下Apple的網站！只要學會製作登陸頁面，你也能進一步製作其他的網頁或部落格。這時候，你就會想用上目前為止學過的技巧。但是，請別心急。首先應該設想，你製作的網頁，是誰要瀏覽的？如果只是為了自我滿足，而用了一大堆設計技巧，結果經常會讓人們在瀏覽網頁時摸不著頭緒。

因此，在思考設計時，希望各位能參考「Apple」的網站，以白色為基底，上面呈現了簡約的文案和產品圖像。

無論任何人看了，都很清楚商品訴求。而且，增加留白也會萌生高級感，品牌的價值看起來也提升了。「簡單最好」（Simple is Best），這句話就是網頁設計的目標所在。

如果這一章節的內容，讓你想要了解更多關於設計的細節，推薦你閱讀《好設計，4個法則就夠了》（*The Non-Designer's Design Book*）（按：羅蘋·威廉斯 Robin Williams 著，中文版由臉譜出版），你可以從中學習關於設計的基礎知識。

# 21

# 這三個方法協助你善用色碼

指定顏色時，有哪些更有效率的方法？以下將一一解說。

在包含登陸頁面的網頁中，還是會需要指定顏色。因此，讓我們先學習指定顏色的方法──「色碼」吧！

①用「顏色名稱」指定色碼：（例如h1 {color: red;}）。

②用「10進位的RGBA」指定色碼：（例如h1 {color: rgb(255, 0, 0, 0);}）。

③用「16進位」指定色碼：（例如h1 {color: #FF0000;}）。

一般常使用的是③16進位的色碼。不過，我想各位應該不知道，哪個顏色各自屬於哪個色碼吧。所以，在此也不希望各位死記，不妨善用以下的網站吧！

· **原色大辭典**（https://www.colordic.org/）

網站上有色名、16進位色碼，以及實際的顏色範本，只要看了之後，就能馬上知道要使用什麼顏色。

# 22

# 確認客戶提供的素材
# 是否符合需求

在本節中將會學習的知識，是關於「背景看起來像是透明的圖像」。製作登陸頁面時，會一直將圖像安插在各處。這時候，你得到的圖像會有以下兩種類別。

## ①背景不是透明的圖像

這種情況就類似在白色牆壁上畫著圖的狀態。即使是沒有圖的部分，也看不見牆壁的另一側。

## ②背景透明的圖像

和玻璃上畫著圖的狀態相類似。沒有圖畫的部分是透明的，所以可以看見玻璃的另一側。也有些是半透明（毛玻璃）的情況。這樣的圖像，就稱為「去背圖像」。

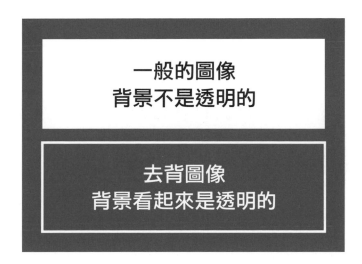

両者的差異會因為圖像的製作方式而改變。先確認對方交付的圖像屬於哪一種，如果拿到的是背景不透明的圖像，客戶卻要求做出背景透明的設計，這時就請告訴客戶：「請您提供去背的圖像。」

# 23

# 檢視網頁於多種裝置的呈現樣貌，有更快的方法

我們該如何檢視網頁在多種裝置上的呈現樣貌？

進行響應式網頁設計時，你必須先分別使用個人電腦、手機、平板等裝置來檢測，確認網頁看起來是什麼樣子。因為有可能會出現，在電腦上看明明很正常，但用手機瀏覽時，版面卻跑掉了的情況。

但是要做到在所有裝置的版型一致並不容易。如果是公司行號，是可以購買所有裝置來檢視，並做到版型一致；如果是個人，要這麼做就有點困難。因此，可以藉由電腦上的「Google Chrome」瀏覽器來模擬各種設備的螢幕，雖然達不到100%準確，不過還是能檢視到相當接近的狀態。

## 利用Google Chrome檢視各種裝置呈現的版型

首先，開啟Google Chrome瀏覽器。在Chrome畫面中點擊右鍵（如果是使用Mac系統，就按著「control」同時點擊）。

接著會顯示出選單，從中點擊「檢查」。接著，畫面會分割開來。出現如下圖畫面，就意味著Chrome從單純的瀏覽器變身為開發者工具。在分割後的畫面左上方，找到手機和平板形象的圖標，點擊它。接著左側的畫面就會變成手機的顯示畫面。

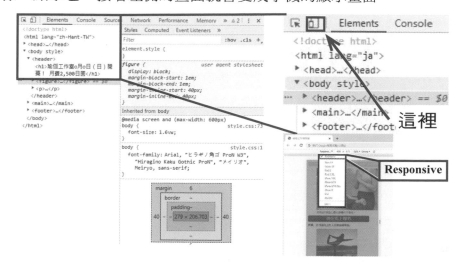

接下來，選擇顯示網頁的畫面上，名為「Responsive」的選單，就可以選擇幾個具代表性的裝置如上圖。接著微調CSS，使畫面變成使用手機時也能順利顯示的狀態，再利用網頁來確認畫面。如此反覆操作，響應式網頁設計就完成了。

**零基礎寫程式**

☐ 響應式網頁是不可或缺的。
☐ 以個人電腦或手機其中之一的版型為基礎，再仔細微調。
☐ 按照各個裝置調整版型是很重要的步驟。

## 專欄三
# 便利的圖像、插圖製作工具

　　開始製作登陸頁面之後，相信你也會希望自己嘗試製作圖片或插圖。大家第一個想到的，就是Adobe公司的「Photoshop」、「Illustrator」這類軟體，不過應該有不少人因為價格而打退堂鼓。因此，不妨試著使用自由軟體的工具吧！無論在Windows、Mac系統都可以運作，非常方便。

### ・GIMP 圖像編輯、加工軟體
　　這個應用程式自1996年正式開放以來，就多次升級版本。不妨用它來取代Photoshop！（https://www.gimp.org/）。

### ・Inkscape 繪圖軟體
　　自2003年開放之後，也曾多次升級版本，由於畫面已經變得近似GIMP，可操作性也一直在提升。不妨用它來取代Illustrator！（https://inkscape.org/zh-hant/）。

　　這兩種軟體的使用方法，只要上網都可以查詢得到。不過市面上也有販售相關書籍說明使用的方法。建議各位剛開始使用時，手邊最好備妥書籍，使用起來會更方便。

## 第五章

# 只要加上「動作」，就能提升網頁完成度

# 1

# 用JavaScript增添「動作」

在第三、四章解說過的HTML和CSS，都是稱為「標記式語言」的技術。從本章開始，就讓我們正式學習程式設計語言吧！

## 何謂JavaScript？

在程式語言當中，容易學習、也能應用在登陸頁面的技術，就是JavaScript。

JavaScript可以在網頁頁面中增添動作。比方說「只要輸入郵遞區號，就會自動顯示地址」、「一點擊按鈕，就會瞬間變更商品圖像」等這類內容。各位應該都曾在網購商店等頁面體驗吧。

此外，JavaScript是瀏覽器的內建語言之一，因此和製作登陸頁面相同，只要有瀏覽器和文字編輯器，無論使用Windows、Mac都無妨，都可以立刻開始學習。而且，我們不只能簡單的學會、使用JavaScript，也可以用於操作EXCEL、WORD等軟體，或是讓每日的業務自動化，因此不僅能應用在網頁上，如果目的是商務場合上的工作自動化，也能用JavaScript來執行。

學習JavaScript的機會，或許能讓我們開始學會，對應於AI、IoT時代所需的「自動化」的技術。

學習JavaScript時的重點，就是「總之先運作看看」。雖然一聽到寫程式，我們就很容易先想到邏輯思考、理論這些東西，但重點在於一開始要先讓程式運作、先了解電腦的習性。

為了「哄騙」不像人類那樣靈活的電腦，就要充分解釋、好讓它們能正確理解指令，此時我們就需要「一步一步貼近它」。我覺得「手把手指導」這個詞彙真的相當恰當。只要某一次指導電腦細節的部分（寫了程式之後），從第二次開始，電腦就擅長做相同的事了。不過，第一次真的很辛苦。

先別認為「程式是個麻煩的東西」，若是懷著「透過語言來培育它」的心情，就能透過程式設計和電腦打好關係。

如果AI進化得更強大，或許終有一天，當電腦感覺到人類表達得模糊不清時，能先行做出反應，藉由互動來了解人類意圖。然而，這個未來離我們還很遙遠。現在，我們人類還需要手把手的帶領電腦，利用「程式語言」——這個電腦能理解的語言，來和它們對話。

總之，在下一頁述說複雜繁瑣的理論之前，先試著讓程式運作起來吧！

# 2

## 利用JavaScript來計算

　　「JavaScript是什麼樣的語言？」想知道答案，只要先讓它運作起來，就會知道了！在這一章節，讓我們試著做簡單的計算！

### 先準備JavaScript的樣本

　　請先用文字編輯器開啟新檔案，再輸入以下HTML的內容。

```
1  <!DOCTYPE html>
2  <html lang="zh-Hant-TW">
3  <head>
4    <meta charset="UTF-8">
5    <title>JavaScript的樣本</title>
6    <script>
7      window.alert("計算結果是 "+(2 * 3 + 5));
8    </script>
```

```
 9  </head>
10  <body></body>
11  </html>
```

輸入完成後，從編輯器將檔案命名為「文件/yogalp/js-sample.html」，接著確認是否在編碼中選擇了「UTF-8」，再儲存起來。

選擇先前儲存好的檔案，再試著透過瀏覽器顯示。對話框中應該會顯示「計算結果是11」。

263

# 僅僅一行的程式

「window.alert("計算結果是"+(2 * 3 + 5));」

這個算式可以正確的執行運作了。就像這樣，程式設計這項技術，並不是要絞盡腦汁苦思過再運用，而是一邊讓程式運作，一邊試著持續調整各部分程式碼。

（學習本書內容的過程中，如果顯示出以下的訊息，請選擇「允許」。）

| 已經限制此網頁執行指令碼或ActiveX控制元件。 | 「允許被封鎖的內容（A）」 | ✕ |
| --- | --- | --- |

# 3

# JavaScript程式碼可放在兩個位置

在本節中，將會帶大家一起來了解JavaScript可以放置的位置，以及該把它撰寫在哪裡。有兩個位置可以寫JavaScript的程式碼。讓我們一起認識它們之間的不同，以及何時該使用哪一種。

## ①寫在HTML的 \<head\>～\</head\> 的部分

\<head\>部分，是HTML當中要讓電腦理解的資訊。在這個部分撰寫\<script\>～\</script\>標籤，就能在該網頁，寫入有效的JavaScript。

## （例）顯示網頁頁面後，訊息就會突然跳出來

```
1  <!DOCTYPE html>
2  <html lang="zh-Hant-TW">
3  <head>
4  <meta charset="UTF-8">
```

```
5    <title>JavaScript的樣本</title>
6    <script>
7     alert("歡迎來到瑜伽工作室！");
8     </script>
9    </head>
10   <body></body>
11   </html>
```

## ②寫在外部檔案裡

　　如果想在數個HTML頁面叫用同一份JavaScript程式碼，或是想要將HTML與程式分開存放，都可使用這個方法。最近，很多HTML網頁的內容都變得很龐大，因此寫在外部檔案的情況也變多了（詳情請參閱下一節）。

### （例）顯示了頁面，訊息就突然跳出來

　　從HTML檔案，讀取外部JavaScript檔案「js/lpjs.js」。

　　・放在外部的JavaScript檔案：儲存位置「js/lpjs.js」

```
1   alert("歡迎來到瑜伽工作室！");
```

　　・HTML

```
1   <!DOCTYPE html>
```

```
2  <html lang="zh-Hant-TW">
3  <head>
4    <meta charset="UTF-8">
5    <title>JavaScript的樣本</title>
6    <script type="text/javascript" src="js/lpjs.js"></script>
7  </head>
8  <body></body>
9  </html>
```

## 在瀏覽器中顯示的結果

# 4

# 善用外部檔案，製作網頁 更有效率

本節將會為各位解說，為什麼使用外部檔案就會方便許多，還有如何把JavaScript儲存成外部檔案的方法。

## 一個外部檔案，可供好幾個網頁使用

上一節雖然說明過撰寫JavaScript的兩個位置，但如果要從好幾個登陸頁面叫用同一個JavaScript的程式碼，那麼只要將JavaScript的內容儲存成外部檔案，就會非常方便。

要如何製作外部檔案？當我們在 HTML 內寫入 JavaScript 時，原本是用<Script>～</script>將它包住，不過若是外部檔案，就不需要這麼做。我們只要將JavaScript語法直接寫入外部檔案即可。

要留意的是，儲存JavaScript的外部檔案時，要將檔案的副檔名指定為「.js」。如此一來，檔案就會變成JavaScript專用的檔

案（也要注意儲存時的字元編碼為「UTF-8」）。

關於讀取外部檔案的方法，請先將以下的指定程式碼插入到 HTML 檔案中：

```
<script type="text/javascript" src="外部檔案的位置和檔名"></script>
```

至於JavaScript外部檔案的撰寫方法，請將以下的指定程式碼輸入到一個空白文字檔內即可：

```
alert("瑜伽工作室開幕！");
```

（將上述內容儲存為「yoga.js」，儲存到js目錄中。）

再將下列程式碼，插入 HTML 檔案中：

```
<script type="text/javascript"　src="js/yoga.js"></script>
```

（上面這一行的意義是，從HTML檔案裡，讀取放在「js」目錄下的「yoga.js」檔案。）

## 在瀏覽器中顯示的結果

這個網頁顯示
瑜伽工作室開幕！

確定

> **Point**
>
> 　　過去，外部檔案讀取的位置，一般都是寫在<head>～</head>之間，不過最近流行的方法是寫在<body>～</body>之間，這也是很好的做法。

　　在本書的「Let's Try」、「練習」中，為了讓讀者能輕鬆體驗JavaScript程式設計，因此不使用外部檔案，而是直接寫進HTML的<head>～</head>部分。不過，光是這麼做，無法體驗到使用外部檔案的經驗，因此在「製作一鍵回到畫面頂端的功能」一節中（請參照第299頁），我準備了實際使用外部檔案的「Let's Try」練習題，讓各位體驗。

# 5

# 在JavaScript中使用的
# 十個基礎語法

　　接下來，將會介紹製作登陸頁面時，希望大家至少先記住的
JavaScript基礎語法。當然，要各位在本節就全部記住，也不是
那麼容易。因此在目前這個階段，請先了解「原來還有這樣的標
籤」，再往下閱讀即可。

## ・JavaScript 中使用的十個基礎語法

　　alert：彈出一個訊息視窗，並顯示警告訊息。

　　var：宣告一個變數。

　　=：將等號左邊的值，指定給等號右邊的變數保存。

　　if～else：用來做「條件判斷」的指令。

　　+：加法。

　　-：減法。

　　*：乘法。

　　/：除法。

　　function：宣告一個 JavaScript 的「函數」。

　　<script>～</script>：用來包住放置在 HTML 檔各處的 JavaScript 程式碼。

　　即使你打算全部記下JavaScript這類的程式語言寫法，也是很勉強的。因此，你應該確實理解基礎知識，當需要的功能出現時，再一邊上網搜尋、一邊累積能做到的技術，這樣才不會感到挫敗，且能持續下去。

　　不只是JavaScript，對於希望以自學方式專精程式設計技巧的人來說，有一種很常見的現象，就是他們會傾向於優先利用我們一路以來熟悉的學習方法：背誦。

　　舉例來說，如果為了考試而學習程式語言，背誦可以為我們帶來最佳的結果。但是，如果是為了要實際從事程式設計而學習，真實狀況不像考試一樣，會固定在某個範圍內出題，所以即便背下所有知識，也是行不通的。

　　因此，我從第一線的經驗中習得的方法是，「盡可能只記住基礎部分，熟練的程度要像能倒背如流一樣」。還有，「除此之外的知識，就盡量上網查」。

　　大多數情況下，並沒有太多機會需要用到基礎知識以外的內容。我認為，與其記住半年都用不到一次的指令，不如記住常常會用到的指令，這樣還輕鬆得多。很少有機會用到的技術，我們可以先在腦子裡留個印象，了解這些資訊會在哪一類網站上，有需要的時候再去搜尋，或許才是較好的做法。

# 6

# 用彈出式視窗顯示「警告訊息」

在本節，請各位記住在JavaScript中也相當重要的「顯示警告訊息」方法。

## 什麼時候需要顯示警告訊息？

警告訊息顯示主要用於以下的用途：

①要將重要訊息傳遞給正瀏覽登陸頁面的人時。

②明明是需要輸入的項目，卻忘了輸入時。

③JavaScript程式發生錯誤，想用「警告訊息」顯示更多細節，以便「除錯」時。

## alert 指令的格式：

```
alert( 想要顯示的訊息 );
```

（如果想要顯示的訊息是文字，就用「""」（兩個雙引號）或「''」（兩個單引號）其中之一，將文字包起來。如果只有數值，

就不需要用引號包圍。

# Let's Try 使用「alert」顯示警告訊息

請將第262至263頁程式碼的第6～8行，替換為以下的程式碼，再利用瀏覽器檢視！

```
1    <script>
2    alert("你好 ");//因為是文字，所以用「"」包圍起來
3    alert(1+2+3);//會顯示計算數值的結果「6」
4    alert(5 +"月 "); //將數值和文字結合，顯示「5月」
5    </script>
```

**Point**
　　像是上方程式碼內「//」的右側，就稱為「註解」（comment）。這裡可以用來記錄程式正在做什麼，或是為了要傳遞資訊給其他人而寫入訊息。

### 在瀏覽器中顯示的結果

```
這個網頁顯示
你好
                                    確定
```

```
這個網頁顯示
6
                                    確定
```

```
這個網頁顯示
5 月
                                    確定
```

如果依序顯示出三個訊息，就表示成功了。

**零基礎寫程式**

☐ JavaScript是最容易開始學習的程式語言。

☐ JavaScript是運作在本地機器的瀏覽器中。

☐ 使用 alert 顯示警告訊息的機會很頻繁，所以請牢記這個
　　方法！

# 7

—————

# 只要克服了這一關，
# 就不再是初學者

在這一節，將會解說變數（Variables）和指定（Assignment），這兩項也常常讓初學者陷入苦戰。雖然各位可能不太習慣這種思考方式，不過只要循序閱讀下去，一定沒問題！

## 掌握「變數」的大致樣貌

所謂變數，可說是一種便利的「箱子」，我們能夠改變裡頭的內容。有時候可以先放入「文字」，有時候可以放入「數值」。而且有了箱子，就可以將內容值，任意應用到程式碼的其它位置。

以上的說明，不知道你能理解嗎？或許還是感覺很艱澀吧。其實，對於第一次學習程式設計的人來說，最先撞到的一堵牆，就是「變數」。

為什麼變數這麼難理解？主要是因為平時不常使用的關係。

舉例來說，用自動販賣機買果汁時，我們不會說「變數又來了」。走進便利商店買甜點時，我們也絕對不會用「我說，今天

的變數啊」這種說法，所以才會這麼難想像。但是，要踏入程式設計，就必須理解「變數」。為什麼？因為在程式裡，資料是不斷在變化的。

比方說，當程式重複計算「1+1=2、2+3=5、5+12=17」時，資料會一直持續變化。為了使用變化過後的內容，就需要箱子將它們暫時保存起來，而執行這個任務的主角，也就是所謂的「變數」。

### 變數的概念就像箱子

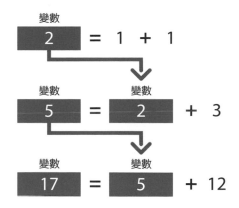

## 這樣思考，就很容易理解變數！

即便這樣說明，但還是很難懂，對吧？所以，一起從我們的日常生活中找一找變數的例子吧！

假設，你現在站在自動販賣機前。從左至右依序有三種商品：冰罐裝咖啡、碳酸飲料、熱茶。現在「氣溫是25°C」。你感覺到炎熱，「想要清爽一下」，所以選了碳酸飲料。

另一天，你又站在同一臺自動販賣機前。同樣的，裡頭有三種飲料。現在「氣溫是2°C」，你感覺寒冷，「想要暖呼呼的」，所以選了熱茶。

好了，在這兩個例子中，有兩個不會改變的元素。一個是自動販賣機，第二個則是自動販賣機的商品陳列。這兩個元素雖然不變，但你選擇的飲料卻不同，為什麼？

理由是「氣溫」和「心情」這兩個因素產生變化。

代表氣溫、心情的箱子雖然相同，但裡面的內容物會因應當天的狀況而改變。

這裡的氣溫、心情，就扮演了名為「變數」（變化的數＝變化的值）的箱子的角色。

# 何謂「指定」？就是將數值移入「變數」的箱子

　　將內容值存入稱為「變數」的箱子裡，再把放進去的內容移動到其它箱子，就稱為「指定」。利用剛剛的氣溫和心情的例子來檢視，應該很容易理解。

・稱為「氣溫」的變數指定為「25°C」。
・稱為「心情」的變數指定為「想要清爽一下」。

針對相同的變數（箱子），另一天則是：

・稱為「氣溫」的變數指定為「2°C」。
・稱為「心情」的變數裡指定為「想要暖呼呼的」。

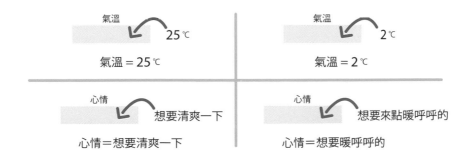

氣溫 25℃　　　　　　　　　氣溫 2℃

氣溫＝25℃　　　　　　　　氣溫＝2℃

心情 想要清爽一下　　　　　心情 想要來點暖呼呼的

心情＝想要清爽一下　　　　心情＝想要暖呼呼的

變數（箱子）雖然沒有改變（永遠都是氣溫和心情），但因應不同的情況，內容物卻一直在變化。

## 何時需要變數？想用「不同數值」套入「相同工作」時

為什麼如此難懂的變數，對於程式設計如此重要？因為所謂的程式設計，就是非常擅長利用不同的數值，多次重複相同工作流程。

如果沒有變數，就要各別詳細寫出搭配了氣溫、心情的程式。2°C時暖呼呼專用的程式、2°C時清爽用的程式，37°C時暖呼呼用的程式……都要一一寫出這些程式碼。

然而，如此一來就需要非常大量的勞力。而且，說到工程師，他們可是一群「很容易嫌麻煩的人」，所以很討厭多次執行相同的事。因此，為了讓一個程式能涵蓋各種可能性，我們必須善於使用變數。

## 在登陸頁面上使用變數

那麼，變數經常用在登陸頁面的哪一個部分？

・希望在登陸頁面上儲存不同的計算結果時。

・點擊按鈕或連結時，希望它們產生特別的動作時。

・希望將輸入的內容先保存起來，並事後確認是否正確時。

## JavaScript 的變數宣告指令

var變數名稱;

這裡的var，就是「variable」（變數）的簡稱。在程式中，為了讓電腦理解「我會替保存資訊用的箱子（變數）取這個名字喔」，我們會用「var變數名稱;」這樣的指令，來「宣告」一個變數。利用var進行宣告的變數名稱中，可以使用半型英文、數字。第一個字要從英文字開始。

## JavaScript 的「指定」語法：

變數名稱 = 值;
變數 = 變數;

這裡所謂的「值」，如果用剛剛的氣溫和心情的例子來說，就是「25°C」、「想要清爽一下」、「2°C」、「想要暖呼呼的」等，也就是要放進被命名為「變數名稱」這個箱子裡的資訊。所謂「變數 = 變數;」則是將「等號右邊的變數內容」，指定給「等號左邊的變數箱子裡」的意思。

變數　　=　　變數；

# Let's Try 變數的「宣告」與「指定」

將第262至263頁程式碼的第6～8行，替換為以下的程式碼，再透過瀏覽器顯示！

```
1   <script>
2   var num; //宣告變數名稱「num」
3   var str; //宣告變數名稱「str」
4
5   num = 5; //將數值「5」指定給變數名稱「num」
6   str = "月發售！"; //將文字指定給變數名稱「str」
7
8   alert(num + str); //會顯示出「5月發售！」的訊息
9   </script>
```

## 在瀏覽器中顯示的結果

這個網頁顯示

5月發售！

確定

如果如左頁下圖顯示，就表示成功了。

> **Point**　「num」是number（數字）的簡稱，「str」是string（字串）的簡稱。它們作為變數名稱，可以讓人更容易了解「箱子裡頭有些什麼東西」。

# 8

# 加上「條件判斷」，
# 變數運作更順暢

本節將活用上一篇學習的「變數」和「指定」，並試著在程式裡搭配「條件判斷」。

## 何謂條件判斷？

根據變數（箱子）內容值與我們設定的條件是否一致，我們可以改變計算、顯示等動作（這些動作，稱為「處理」〔Process〕）。這感覺就像是切換列車行走軌道的「轉轍器」。

讓我們試著以上一節提到的「氣溫和心情」為例，繼續往下說明。如果是自動販賣機的例子，根據變數「氣溫」和「心情」的內容物不同，就如同電車的軌道會切換，前往的目標也會跟著變化，你購買的東西也會變換。

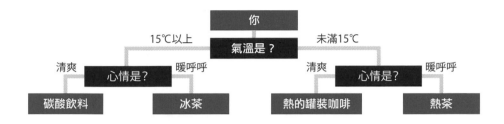

### JavaScript 的條件判斷指令

if(條件式){處理}

如果和條件式一致，就讓「處理」運作。

if(條件式){處理1} else {處理2}

指如果和條件式一致，就執行「處理1」；如果和條件式不一致，就執行「處理2」。此外，在「條件判斷式」中，以下是常用於「比較」的一些符號：

- A和B相等→「==」（兩個等號連在一起）
- A大於B→「>」　　・A大於或等於B→「>=」
- A小於B→「<」　　・A小於或等於B→「<=」

# Let's Try 撰寫「條件判斷」指令

將第262至263頁程式碼的第6～8行，替換為以下的程式碼，再透過瀏覽器顯示！

```
1   <script>
2   var num; //宣告變數名稱「num」
3   var str; //宣告變數名稱「str」
4
5   num = 5; //將數值「5」指定給變數名稱「num」
6   str = "月發售！";//將文字指定給變數名稱「str」
7
8   if( num >= 6 ) { alert("上半期發售！");}
9   else { alert("下半期發售！");}
10  </script>
```

## 在瀏覽器中顯示的結果

如果如上圖顯示，就表示成功了。

# 9

## 計算的基本概念，
## 你還記得多少？

　　在登陸頁面中，有各種情況都會用到的四則運算，在此來解說一下它們的指定方法！

### 四則運算先別還給老師，這裡用得著

　　四則運算也就是加法、減法、乘法、除法的運算。在程式設計中，「計算」這項處理工作是一定會用到的，所以讓我們一起來回憶一下常用的四個基本方法吧！

　　此外，在製作登陸頁面時，有時為了幫助使用者用較少時間輸入資料，就會使用到四則運算，舉凡「利用生日查詢年齡」、「計算消費稅」、「計算BMI」這類，與介紹的商品或服務有關的計算公式。

## JavaScript 裡的四則運算符號

| 加法 → ＋（加號）、減法 → -（減號） |
|---|
| 乘法 → ＊（星號）、除法 → /（斜線號） |

請注意，乘法和除法和平常計算時使用的符號不同。

# Let's Try 一起來計算吧！

將第262至263頁程式碼的6～8行，替換為以下的程式碼，再試著透過瀏覽器顯示。

```
1    <script>
2    var num; //宣告變數名稱「num」
3    var calc; //宣告儲存計算結果的變數名稱「calc」
4    num = 10; //將數值「10」指定給變數名稱「num」
5
6    calc = num + 5; //執行 10 + 5
7    alert(calc); //會顯示15
8
9    calc = num - 5; //執行 10 - 5
10   alert(calc); //會顯示5
11
12   calc = num * 5; //執行 10 * 5
13   alert(calc); //會顯示50
14
```

```
15   calc = num / 5; //執行 10 / 5
16   alert(calc); //會顯示 2
17   </script>
```

## 在瀏覽器中顯示的結果

如果顯示如上圖，就表示成功了。

# 10

# 使用「函數」，讓程式重複處理

程式語言常有相同的一群指令，被重複執行好幾次的現象。如果每次使用時，都得從頭寫起，就會非常辛苦。因此，我們可以把這群常常被執行的指令，彙整在一起，並且幫它取個名字，這群「有名字的指令」，就叫「函數」！

## JavaScript 的函數宣告指令

function 函數名稱 ( 參數 ) { 處理指令 }

函數名稱都要使用半型英文數字。開頭要從小寫文字開始。

此外，所謂的「參數」，是指傳遞給函數，告訴它「麻煩你處理」的資料。如果沒有需要傳遞的資訊，就可以省略。如果有好幾個參數，就用「,」隔開。

比方說，如果在職場上「函數＝會計」，你要「麻煩會計處理」的，則是申請經費的單據。如果單據有好幾張，就需要釘在一起，再交出去。如果是你跟會計事先約好的事情，即使沒有遞交任何資訊，也沒問題，對吧？在這個情況下，就可以省略參數

的傳遞。

　　另外，要注意小括號「()」和大括號「{}」要成對，這兩種都很容易忘記加上後面的括號。

## Let's Try 定義一個函數

　　將第262至263頁程式碼的6～8行，替換為以下的Java Script。再把HTML程式碼輸入第263頁程式碼的第10行、<body>～</body>之間，存檔後再試著透過瀏覽器顯示。還有，也要將按鈕被點擊時啟動的參數指定到onclick中。

・JavaScript

```
1   <script>
2   function mAlert(){
3    alert("瑜伽工作室開幕！");
4   }
5
6   function cAdd(p1, p2){
7   alert(p1 + p2);
8   mAlert();
9   }
10  </script>
```

· HTML

```
1  <input type="button" value="計算1" onclick="cAdd(10,5)">

2  <input type="button" value="計算2" onclick="cAdd(2,30)">

3  <input type="button" value="顯示" onclick="mAlert()">
```

## 在瀏覽器中顯示的結果

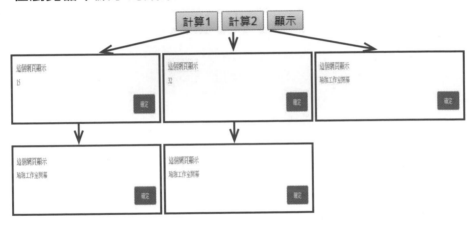

如果顯示如上，就表示成功了。

# 11

# 會用到JavaScript的三個實作項目

接下來，要繼續介紹的是製作登陸頁面時，至少要實作出來的功能。

**透過實作下列功能，來學習如何使用 JavaScript**

- 在網頁用程式執行簡單的計算。
- 實作「回到畫面頂端」的功能。
- 利用 Google Analytics 來分析網站流量。

尤其是「利用 Google Analytics 來分析」，可以說是大多數案子都用得到的技巧。

JavaScript 有兩種寫作方法。一種是所有想要的程式功能，通通自己寫。這種做法直到二十年前，還被大家視為「理所當然」的事。

但是到了現在，程式碼全部自己寫，已經比較少見了。所以就衍生出第二種方法：把網路上某人寫好的程式碼，直接複製、

套用到自己的程式裡。

　接下來，我們就一一介紹，待會兒用JavaScript實作的三個功能。

　其中，「在網頁用程式執行簡單的計算」這一項，我們打算所有程式碼通通自己寫。

　至於「回到畫面頂端」、以及「利用Google Analytics進行流量分析」這兩項，會採取抓網路現成的JavaScript程式碼，直接套用到程式裡的做法。

　接下來，我們就藉由親身體驗，來學習「全部自己寫」、以及「複製別人的」這兩種方法吧！

---

**零基礎寫程式**

□ 所謂變數，是指能保存不同數值的箱子。
□ 變數中有「指定」這種動作，可以把不同的資料，保存於變數（箱子）中。
□ 依照「變數內容值」是否符合特定條件，並據以執行不同的處理指令，就稱為「條件判斷」。
□ 程式設計的基礎是四則運算。
□ 常常被執行的指令要彙整成「函數」，並多次重複使用，才是理想的做法。

（接下頁）

（例）自動販賣機裡排放著三種飲料。

　　由左至右分別是能量飲料、微碳酸乳酸飲料、罐裝冰咖啡。

　　5月的某一天，氣溫是24℃，你的心情是「想睡得不得了」，這時候你買的是「罐裝冰咖啡」。

　　8月的某一天，氣溫是35℃，你的心情是「因為太熱，所以沒有幹勁」，這時候你買的是「能量飲料」。

問題1：請依據上方例子，寫出三個變數。
問題2：根據上方的例子，請試著將8月的資訊代換到三個變數。

（問題1的解答：月分、氣溫、心情。問題2的解答：月分＝8、氣溫＝35℃、心情＝因為太熱，所以沒有幹勁。）

# 12

# 將四則運算套入網頁中

讓我們使用之前學習的四則運算方法，實際來計算看看。

計算是讓我們簡單的踏出程式語言的第一步。此外，我們也可以讓使用者點擊特定按鈕，藉以觸發 JavaScript 自動執行計算的機制（這部分就需要程式設計了）。讓我們一起來體驗吧！

那麼，首先我們要做的是「A×2=B」這個簡單的程式設計。

### HTML 的文字輸入框標籤

為了完成算式，我們需要一個可輸入數值的元件。所以，我要介紹能顯示 HTML 輸入框的標籤。

```
<input type="text" name=" 本輸入框的名稱 ">
```

（建議在 name 中寫上「你想要使用者輸入什麼」、這類容易想像輸入值的名稱。）

### 用來包住所有「表單元件」的標籤

輸入框、按鈕這些東西，被稱為「表單元件」。所有的表

單元件，都要集合在一個「表單」（form）內。因此，要利用
<form>～</form>將相關的「表單元件」，全部包成一個表單。

<form name="calcF">～</form>

（name 後面的 calcF，是這個表單的名字。）

由於這個表單是「要計算的(Calc)表單(From)」，所以取名
為「calcF」。只要取一個名字，看得懂「這是要做什麼的」，即使
之後回頭檢視，也很容易理解。

## Let's Try 用 **<form>** 將所有表單元件包起來

將第262至263頁程式碼的6～8行，替換為以下的JavaScript
程式碼。請將以下的HTML程式碼插入第263頁的第10行
<body>～</body>之間，存檔後再透過瀏覽器顯示。

· JavaScript

```
1   function fncCalc() {
2     document.calcF.B.value = eval(document.calcF.A.value) * 2;
3   }
```

其中的 document，是指「整份網頁」。document.calcF，是
指想抓取整份網頁（document）之下、一個名為 calcF 的表單。
document.calcF.A 是想抓取 calcF 表單裡面，名字（name）叫做 A
的一個元件（此例為一個文字框）。document.calcF.A.value 則是

抓該文字框內的「值」（value）。抓到之後，用 eval() 將文字轉成數字，再乘以 2，並將結果顯示於 document.calcF.B.value（整份網頁文件 > calcF 表單 > B 文字框 > 文字框內的值）裡面。

· HTML

```
1   <form name="calcF">
2   <input type="text" name="A">×2
3   <input type="button" value="計算" onclick="fnCalc( )">
4    <input type="text" name="B">
5    </form>
```

**在瀏覽器中顯示的結果**

　　如果畫面如上，在輸入了21、點擊「計算」按鈕之後，答案就顯示為42的話，就表示成功了。成功之後，就試著將其他數字放入剛剛輸入21的欄位裡，再計算看看！

# 13

# 製作「一鍵回到畫面頂端」的功能

瀏覽登陸頁面時，經常看到頁面下方會有一個「回到畫面頂端」的按鈕。在這一章節，將會解說這個功能的製作方法。

一眼掃過、瀏覽登陸頁面時，如果看到在意的部分，讀者都會想要回到畫面頂端，重新閱讀一次。因此，網頁上就需要設置「不需滾動捲軸，就能回到畫面頂端的機制」。

雖然以「JavaScript 回到畫面頂端」為關鍵字上網檢索時，會出現各式各樣的方法，不過在這些方法中，我要介紹的是最簡單——那就是使用「jQuery」。這是一個為撰寫「JavaScript」的人，所製作之功能強大的函式庫。

## Let's Try 用 jQuery 製作能回到頂端的功能

請將以下的 HTML 程式碼，輸入第 263 頁程式碼的第 10 行 <body>～</body> 之間。第 262 至 263 頁的第 6～8 行，則是替換為以下的 JavaScript 程式碼，存檔之後，再試著透過瀏覽器顯示！

· HTML

1　為什麼要做熱瑜伽？&lt;br&gt;忙碌的你，也可以利用空檔時間來
　　上課！&lt;/br&gt;

2　當天預約也可以！從早到晚都有課程。&lt;br&gt;&lt;br&gt;

3　我從零經驗開始學，如今身邊的人都說我體態變好了。

4　&lt;p id="page-top"&gt;&lt;a href="#"&gt;回到畫面頂端 &lt;/a&gt;&lt;/p&gt;

JavaScript（之一）

```
1  <script src="//ajax.googleapis.com/ajax/libs/jquery/1.10.2/
   jquery.min.js"></script>
```

（這段程式碼會去網路抓取由 Google 製作的 JavaScript 函式庫
「jQuery」，並以外部檔案的方式讀取之。）

JavaScript（之二）

```
2  <script>
3  $(function() {
4   $("page-top a").click(function() {
5   //↑ id=如果 "page-top" 被點擊
6    $('html,body').animate({scrollTop:0},'fast');
7    //↑ 利用 fast( 最快 ) 的速度捲到畫面頂端
8    return false;
9   });
```

```
10   });
11   </script>
```

（您可以把 'fast' 改成數字，就能改變捲回頂端的速度。數字的單位是「毫秒」〔1 秒 = 1,000 毫秒〕）。

## 在瀏覽器中顯示的結果

當天預約也可以！從早到晚都有課程。

我從零經驗開始學，如今身邊的人都說我體態變好了。

回到畫面頂端

為什麼要做熱瑜伽？
忙碌的你，也可以利用空檔時間來 上課！
當天預約也可以！從早到晚都有課程。

我從零經驗開始學，如今身邊的人都說我體態變好了。

如果顯示如上圖，點擊後回到畫面頂端，就表示成功了。

# 14

# 用Google Analytics分析，掌握瀏覽者的行動

　　將網頁設定為可以利用Google Analytics來分析吧！因為公開登陸頁面之後，必須收集實測值來分析，確認網頁都是哪些人在瀏覽、是否採取了下一個行動。因此，我們需要將Google提供的分析程式碼編入網頁裡。

## Google Analytics的JavaScript 程式碼怎麼埋？

　　關於Google Analytics（按：Google Analytics是Google提供的一個免費的網站流量分析工具。需要先申請Google Analytics服務，並將Google提供我們的一段 JavaScript 程式碼埋入首頁，之後 Google Analytics 就能提供我們網站流量的報告。）的JavaScript程式碼，必須請客戶申請該服務，並將取得的JavaScript 程式碼提供給我們。接受案件委託時，請先向客戶確認：「是否要置入Google Analytics的程式碼（別名『Tracking

Code〔追蹤代碼〕』）？」

那麼該如何使用Google Analytics的JavaScript程式碼？很簡單，就是放進<head>～</head>之間。請各位只要記得：直接放在<head>後方就好了。

> **Point**
>
> 追蹤代碼不能改變。請將收到的程式碼直接複製、貼上。

・HTML

```
1   <head>
2    <script>
3     //含有<script>的「追蹤代碼」會置入。
4    </script>
5    :
6   </head>
```

Google Analytics是追蹤網路流量時不可或缺的功能。這一點和在登陸頁面銷售商品時、以及要上傳資訊到自己的部落格時，都是相同的。因為要利用網路做某事，「掌握瀏覽的人（訪客）的行動」，對於接下來的改善會很有幫助。

## 將追蹤代碼放入的範例

```html
<!DOCTYPE html>
<html lang="ja">
<head>
<!-- Global site tag (gtag.js) - Google Analytics -->
<script async src="https://www.googletagmanager.com/gtag/js?id=UA-XXXXXXXX-X"></script>
<script>
 window.dataLayer = window.dataLayer || [];
 function gtag(){dataLayer.push(arguments);}
 gtag('js', new Date());

 gtag('config', 'UA-XXXXXXXX-X');
</script>
<meta charset="UTF-8">
<title>パーソナルトレーニング「Hibino JUNGLE GYM」OPENキャンペーン</title>
 :
 :
</head>
<body>
</body>
</html>
```

練習10

# 加入計算程式、使用 JavaScript、Google Analytics

請延續上一次的練習，試著替瑜伽工作室的網路廣告，加入計算程式，並使用JavaScript、Google Analytics！

## ・素材

利用檔案總管（若用Mac系統則是Finder）從儲存的位置找到在練習9（第246頁）儲存的檔案「yoga-studio-lp.html」，用瀏覽器開啟後，就開始進行練習的準備吧！

## 步驟一：追加回到頂端的動作

・輸入到JavaScript（在yoga-sudio-lp.html）</head>的前方。

```
1  <script src="//ajax.googleapis.com/ajax/libs/jquery/1.10.2/
   jquery.min.js"></script>
2  <script>
3  $(function() {
4   $("#page-top a").click(function() {
5    $('html,body').animate({scrollTop: 0}, 1000);
```

```
6    return false;
7    });
8    });
9    </script>
```

## 步驟二：追加連結、跳回到「練瑜伽還有其他三個效果！」前方

　　‧請將以下的程式碼輸入 HTML（yoga-sudio-lp.html）的第
10 行。

```
1    <p id="page-top"><a href="#">回到畫面頂端</a></p>
2    <p class="kadomaru-box">練瑜伽還有其他三個效果！</p>
```

## 步驟三：附加 BMI 的計算功能

　　附加到「針對突出的小腹！」後方。

　　‧將以下程式碼輸入到 HTML（yoga-sudio-lp.html）的第
13～20 行。

```
3    針對突出的 <big><strong>小腹</strong></big>！</p>
4    <form name="bmi">
5    <p>最近很在意體型的你，來看看自己的BMI值吧！<br>
6    「BMI＝體重(kg)÷身高(m)×身高(m)」</p>
7    體重:<input type="text" name ="bmiWeight">kg<br>
8    身高:<input type="text" name ="bmiHeight" >cm
9    <input type="button" value="計算" onclick="fncBMI()"><br>
```

```
10    結果:<input type="text" name="bmiAns">
11    </form>
```

**提示**：要確實看好大寫和小寫再輸入！

・將以下的 JavaScript 程式碼輸入（yoga-studio-lp.html）</head>的前方

```
10    <script>
11     function fncBMI() {
12      var bmi, w, h; //BMI=bmi, 體重 =w, 身高 =h
13      w=eval(document.bmi.bmiWeight.value);
14      h= eval(document.bmi.bmiHeight.value) / 100; //變換為 m
15      bmi = w / (h * h);
16      alert('你的 BMI 值是 '+bmi'。');
17      document.bmi.bmiAns.value = bmi;
18      }
19    </script>
```

**提示**：別漏掉了「.」（半形句點）！

如果做到這一步，就先將「yoga-sudio-lp.html」儲存起來。和第305頁相同，找到儲存起來的檔案。接著，再透過瀏覽器顯示「yoga-studio-lp.html」這個檔案。

　　確認在網頁中點擊顯示出來的「回到畫面頂端」時，是否瞬間就回到網頁的頂端。

　　接著，再進行BMI的計算吧！

　　輸入體重、身高，如果計算出來的結果是18.5但未滿25，就表示為一般體重。如果你的BMI指數在25以上，就請接受健康檢查，向醫師諮詢吧！

## 核對答案

### 察覺錯誤的方法範例

只要讓下面的程式碼運作，第25行就會發生錯誤。理由就在第307頁程式碼的第13行，請試著比對看看。因為「.value」不夠的關係。

這樣的錯誤，是因為輸入錯誤而發生的。而且，要找出哪個部分才是錯誤的原因，是相當辛苦的事。所以，我們要使用alert來檢查。

```
20    <script>
21    function fncWightHeight() {
22    alert('A'); //會顯示「A」
23    var w, h; //體重=w, 身高=h
24    alert('B'); //會顯示「B」
25    w = eval(document.bmi.bmi Weight); //因為沒有value，所以×
26    alert('C'); //因為上一行是×，所以不會顯示「C」
27    h = eval(document.bmi.bmiHeight.value);
28    }
29    </script>
```

第22、24、26行中，都寫入了alert。只要這麼做，當程式從上往下運作時，就會產生「順利運作＝會顯示alert」、「沒有運作＝不會顯示alert」的結果。這次的狀況是：雖然「A」、「B」有

顯現出alert，但「C」在alert之前的第25行發生錯誤，所以就無法顯現。就像這樣，利用alert就能找出無法順利運作的部分。

## 練習10的正確程式碼答案

請將以下程式碼追加到第249頁練習9正確程式碼的</head>前方。

· JavaScript

```
1   <script src="//ajax.googleapis.com/ajax/libs/jquery/1.10.2/
    jquery.min.js"></script>
2   <script>
3    $(function() {
4     $("#page-top a").click(function() {
5      $('html,body').animate({scrollTop: 0}, 1000);
6      return false;
7     });
8    });
9   </script>
10
11   <script>
12    function fncBMI() {
13     var bmi, w, h; //BMI=bmi, 體重 =w, 身高 =h
14     w = eval(document.bmi.bmiWeight.value);
15     h = eval(document.bmi.bmiHeight.value) / 100; //變換為 m
```

```
16    bmi = w / (h * h);
17    alert('你的BMI值是' + bmi + '。');
18    document.bmi.bmiAns.value = bmi;
19    }
20  </script>
```

將以下程式碼追加到第249頁練習9正確程式碼的「練瑜伽還有其他三個效果！」上方。

‧ HTML

```
1   <p id="page-top"><a href="#">回到畫面頂端</a></p>
```

將以下程式碼追加到第249頁練習9正確程式碼的「針對突出的小腹！」下方。

‧ HTML

```
2   <form name="bmi">
3   <p>最近很在意體型的你，來看看自己的BMI值吧！<br>
4   「BMI=體重(kg)÷身高(m)×身高(m)」</p>
5   體重:<input type="text" name="bmiWeight">kg<br>
6   身高:<input type="text" name="bmiHeight">cm
7 <input type="button" value="計算" onclick="fncBMI()" ><br>
8   結果:<input type="text" name="bmiAns">
9   </form>
```

零基礎寫程式

□ 點擊了按鈕，就會自動計算，這就是程式語言！
□ 也可以使用熱心人士為我們準備好的JavaScritp程式碼。
□ Google Analytics對於分析登陸頁面流量而言是必需的。

## 第六章

# 開始製作登陸頁面

# 1

# 安排登陸頁面的整體製作流程

在本章，我們要一邊確認實際接受委託時的流程，一邊製作登陸頁面。

## 製作登陸頁面的順序

接到客戶委託後，只要依照以下順序製作，就能順暢進行。

步驟1：製作草稿。

步驟2：準備素材。

步驟3：準備文章。

步驟4：製作登陸頁面的骨架。

步驟5：將文章導入骨架。

步驟6：將圖像、插畫導入骨架。

步驟7：調整設計。

步驟8：如果需要網頁動態，就進行程式設計。

步驟9：讓網頁能夠利用 Google Analytics 來分析。

步驟10：對應手機畫面。

步驟11：檢測按鈕、連結的跳轉目標。

關於網頁的狀況，步驟4之後的playview（顯示結果）或程式碼的一部分，都會在本書的特設網站上介紹。第一次製作的讀者，可以前往以下網址，一邊確認範本、一邊製作（https://021pt.kyotohibishin.com/books/lppg/contents6/，臺灣讀者可至以下網站下載範例檔案對照確認：https://reurl.cc/R4NLEx。下載後請參照「gymlp」資料夾。）。

請先看下方圖表，就是這次要製作的登陸頁面完成示意圖。這是一則以男性為目標群眾的私人健身教練網路廣告。

真正的登陸頁面，雖然也可能會以更細長的網頁呈現，不過這次是為了練習技巧，所以我濃縮彙整在一起。請一邊回憶目前為止學過的內容、一邊回頭翻閱檢視，製作出登陸頁面。

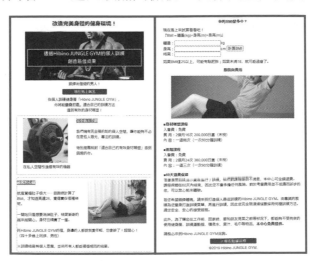

# 2

# 製作登陸頁面的事前準備

　　製作之前，預先準備十分重要。在此也會解說一些方法，讓各位減少不必要的修正。

　　當你立即著手製作登陸頁面，往往無法如預期般有所進展。首先，請先進行以下步驟1～3的事前準備吧！

## 步驟1：製作草稿（請參照第318頁）

　　客戶提供的登陸頁面範本寄達了，它有可能是WORD檔，也可能是PDF檔。請先看過範本之後再製作草稿，即便是手繪也無妨。透過這個步驟，就能更容易製作下一個階段要進行的「骨架」了。

## 步驟2：準備素材（請參照第321頁）

　　製作好草稿，就能掌握要使用的圖像、插畫、影片。藉由確認手邊的各種素材是否足夠，在開始製作之後，就不會因素材不足而焦慮。

### 步驟3：準備文章（請參照第323頁）

至於登陸頁面使用的文章，也要確認客戶是否已經隨網頁範本一起提供了。

還有，也別忘了確認，寫在網頁範本上的文章內容，應該要和寄來的文章相同。假使網頁範本的文章和手上的文章內容不一樣，為了確認何者正確，就必須耗費多餘的時間。但是，交件期卻不會等我們。為了不在交件期前手忙腳亂，請先準備好。

## 妥善準備，就能盡量減少修正

不只是製作登陸頁面或做副業，只要是執行和程式設計相關的工作，最需要留意的就是，能降低多少「走回頭路」的機率。

包含修正等工序，走回頭路的機率無法降到零。然而，為了盡可能減少修正，在著手開始實際作業前，先做好「思考」、「確認」是很重要的。

一邊作業、一邊思考，就是在確認「該怎麼做才能實現」，要時時想著：這是什麼樣的版面、素材是否足夠、內容是否正確。諸如此類要用腦的工作，都會減少作業時間，因此不妨花點時間好好規畫。

那麼，讓我們繼續進行接下來的各個步驟吧！

# 3

# 【步驟1】製作登陸頁面的草稿

從這裡開始，總算要開始製作了。請各位試著以範本為基礎來製作草稿吧。

### ・列出圖像、插畫、影片的配置

首先，準備白紙。仔細看看範本，將圖像、插畫、影片等位置都列在紙上。這時候，可以先寫上「男性正在做運動」、「正在練腹肌」、「檟片的圖像」等，描述各是些什麼樣的元素，之後再看這份草稿時，就不會一頭霧水了。

### ・列出文章的配置

接下來，列出文章的位置。只要先寫上文章的標題部分，就能理解是哪一篇文章了。

### ・外觀設定也要先寫好

文字的粗細、大小、顏色為何？是否要畫上「螢光筆劃

記」？如果有框線，是要用虛線，還是用直線？範本中又有什麼樣的外觀設定？將這些細節都一一寫上吧。這麼一來，也能讓我們逐漸理解自己要製作的內容。

### ‧ 確認樣本，開始打草稿

在「文件/proglp/gymlp/（Mac系統亦同）」裡，有一個PDF格式的範本「sample.pdf」。請看過範本之後，製作出如下圖的草稿吧！

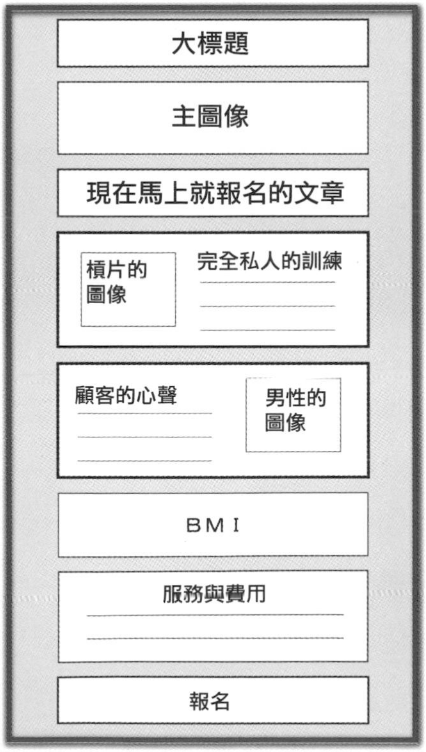

| |
|---|
| 大標題 |
| 主圖像 |
| 現在馬上就報名的文章 |
| 槓片的圖像　　完全私人的訓練 |
| 顧客的心聲　　男性的圖像 |
| BMI |
| 服務與費用 |
| 報名 |

在實際製作網站的第一線，這樣的網頁設計圖被稱為「網站線框圖」或「線框圖」。

專業的網站設計師，也都是從這樣的設計圖開始畫起，再開始相關作業。也就是說，這樣一來便會大幅提升作業效率。我們也應該要模仿、利用這個做法才對。

# 4

# 【步驟2】準備登陸頁面要用到的素材

事先確認好素材，就能順利推展工作！

## ・確認圖像、插畫、影片

只要看了草稿，就能理解大約有多少圖像、插畫、影片等素材，而這一步就是關鍵。當客戶將範本送來時，你必須和客戶一起確認，這些圖像、插畫、影片等資訊是否都齊全了。此時要注意以下兩點：

①圖像或插畫，應該要是「圖像檔案」的格式。

②至於影片，多半可以請對方提供網址。

逐一檢視之後，確認是否已經拿到必要的素材。

這時候，只要把圖像檔名、影片網址列進草稿，就可以順利的進行下一個作業流程。

如果素材不夠，或是客戶寄了錯誤的檔案，就要馬上向對方確認。開始製作後，如果發現素材不夠或有錯，就會手忙腳亂。為了不要演變成這種局面，建議一開始就先做好確認工作。

### ‧確認樣本的圖像！

在「proglp/gymlp/img」資料夾中，有供製作範本使用的圖像。一共四個，請確認是否都備齊了。

6-01-top.png　　　　6-02-ps.png　　　　6-03-cv.png　　　　6-04-sv.png

---

**Memo** 如果客戶提出不合理的要求，該怎麼辦？

有時候，客戶會向你提出這樣的要求：「希望你下載沒有著作權的免費圖像使用。」遇到這種狀況，對方經常會寄來免費圖像網站的網址，要請你從網址連到免費圖像網站，自行下載取用。

讓人困擾的是，當客戶只說一句「請使用你喜歡的素材」，就把所有工作都丟給你做的時候。如果對方一開始說「我會準備圖像」，但做到一半時又改口變成「請你自己找圖」，此時請你向對方確認：能否追加申請尋找、選擇圖像所需的費用，以及能否改變交件日期。

這是我的實際經驗，在免費圖像網站上找尋適合的圖像，所耗費的時間多得超乎你的想像。只要是仔細的找圖，轉眼之間一、兩個小時就過去了。時間無法倒流，所以請一定要特別留意。

# 5

# 【步驟3】準備登陸頁面要使用的文章

本節將帶領各位一起從搭配素材，檢視文章的內容開始。

## ・確認範本的文章

當客戶將範本交給你之後，就要確認文章是否也一起送達。寄來的文章，應該都要是WORD檔或記事本的格式。檢視內容後，再度確認需要的東西是否都已經寄來了。

這時候，只要將文章的標題部分寫在草稿中，下一個作業流程就能順暢進行。

假使文章長度不足，或是寄來的文章內容有誤，就必須立即向客戶確認。這一點和圖像相同，如果交件期快到了才發現，就會讓人心浮氣躁。為了不要導致這種結果，建議一開始就先做好確認工作！

在「proglp/gymlp/」資料夾裡，有一個記事本檔案，檔名是「ptlp-doc.txt」，其中彙整了要用於範本的文章。請利用文字編輯器打開檔案，確認內容是否和sample.pdf完全吻合。

# 零基礎寫程式

只提取第6章課題使用的文字部分。

標題：個人健身「Hibino JUNGLE GYM」OPEN特惠活動

改造完美身體的健身環境！

鍛鍊出強健的男人！

現在馬上報名

在個人訓練健身房「Hibino JUNGLE GYM」，
你將能透過適合自己的量身打造訓練方法，
達到有效的身材雕塑！

在私人空間引進最有效的機器

完全私人空間
我們擁有完全預約制的個人空間，讓你能夠不必在意他人眼光，專注的訓練。
特別推薦給對「適合自己的有效身材雕塑」感到興趣的你。

顧客的心聲
就是覺得肚子很大。諮詢時計算了BMI，才知道高達28，覺得實在很糟糕呢。
一開始只是想要消掉肚子，結果漸漸的越來越開心，身材也精實了一圈。
託Hibino JUNGLE GYM的福，身邊的人都說我變年輕、也變帥了！超開心！
（40多歲上班族、男性）

※訓練結果有個人差異，並非所有人都能獲得相同的結果。

你的BMI是多少？
現在馬上來試算看看吧！
『BMI=體重(kg)÷身高(m)×身高(m)』

體重：kg
身高：cm
計算BMI
結果：

如果BMI值25以上，可能有點肥胖；如果未滿18，就可能過瘦了。

服務與費用
■身材雕塑課程
入會費：免費
費　用：2個月16次 200,000日圓（未稅）
內　容：一週兩次（一次60分鐘訓練）

■進階課程
入會費：免費
費　用：2個月24次 380,000日圓（未稅）
內　容：一週三次（一次90分鐘訓練）

■60天退費保證
若您依照教練指示實際進行了訓練，依然對課程感到不滿意，本中心可全額退費。
課程保證在60天內結束，因此您不會承擔任何風險。對於考量費用並不低廉而卻步的您，可以放心前來體驗
。
若您希望鍛鍊體魄，請來到打造個人最佳訓練的Hibino JUNGLE GYM。由專業的教練為您量身打造訓練菜單，
再進行訓練，因此您完全無須煩惱要採用何種訓練方法。請您安全、安心的接受服務。
此外，為了讓您在工作前、回家時、要和朋友見面之前等狀況下，都能夠不受拘束的使用健身房，本中心免
費提供訓練運動服、礦泉水、果汁、毛巾等物品。

請務必來到Hibino JUNGLE GYM洽詢。

＞＞報名點選這裡

# 6

# 開始製作登陸頁面

事前準備都完成之後，就開始製作吧！首先，我們要依照步驟4～9的順序確認，再往下進行。

· **步驟 4：製作登陸頁面的骨架（請參照第327頁）**

　從草稿開始製作骨架 —— 也就是HTML。

· **步驟 5：將文章導入骨架（請參照第329頁）**

　將文章導入骨架HTML中。這時候，就可以掌握住網頁大致的氛圍。

· **步驟 6：將圖像、插畫嵌入骨架（請參照第331頁）**

　在完成文章之後，要繼續嵌入圖像、插畫；如果需要的話，也可放入影片。只有文章的話，可能會讓人難以理解，藉由嵌入圖片，瀏覽時就更容易理解內容了。

・**步驟7：調整設計（請參照第333頁）**

　　CSS登場，調整網頁設計。

・**步驟8：若需要網頁動態，利用程式設計（請參照第336頁）**

　　在這次的練習中，我們要加入計算，因此會使用JavaScript。

・**步驟9：利用Google Analytics來解析（請參照第338頁）**

　　在練習中，雖然無法實際解析，不過我們會試著體驗如何置入功能。

　　那麼，讓我們從下一章節開始，繼續執行各個步驟。

---

**零基礎寫程式**

□ 利用草稿來整理「要做的事情」！
□ 透過檢視素材、文章，減少做白工的機率！
□ 只要能想像要先製作哪些步驟，就讓人很放心。

# 7

# 【步驟4】利用HTML製作骨架

在本節，會帶領讀者製作登陸頁面所需的大框架！

### ・製作大箱子，以及大箱子裡的兩個箱子

請一邊看著範本的PDF檔和草稿，一邊製作大箱子，和大箱子裡的兩個箱子。開啟文字編輯器，輸入<DOCTYPE>、<html>、<head>、<body>（提示：第91至96頁）。

要製作的登陸頁面檔名：ptlp.html

儲存位置：proglp/gymlp/

儲存格式：utf-8

### ・指定網頁的兩個架構

請別忘了把「大箱子裡的資訊」告訴電腦。此外，箱子也需要大標題。大標題請先設為：個人健身「Hibino JUNGLE GYM」OPEN特惠活動。請回想<meta>、<title>的做法！（提示：第97至99頁）。

### · 將瀏覽者要理解的部分分為三個區域

為了讓人們理解的部分變得更容易了解，於是將它分成三個區域。也就是<header>、<main>、<footer>。<footer>要設定為「©2019 Hibino JUNGLE GYM」（提示：第100至102頁）

### · 輸入特殊文字

「©」是特殊文字。使用符號等去搜尋也無法轉換成漢字。請使用可在網路使用的特殊文字！（提示：第106至108頁）

### · 看草稿，切分成數個區塊

記得<div>這個標籤嗎？請一邊看著範本，一邊使用<div>，將<main>分成以下五個區塊！（提示：第144至146頁）

①「完全私人空間」的部分。

②「顧客的心聲」的部分。

③「你的BMI是多少？」的部分。

④「服務與費用」的部分。

⑤「報名請點這裡」的部分。

· 目前為止完成的顯示結果

©2019 Hibino JUNGLE GYM.

· 目前為止的正確程式碼，請透過以下連結下載確認。

https://reurl.cc/R4NLEx

→「proglp/gymlp/6-7_【步驟4】利用HTML製作骨架」

# 8

# 【步驟5】導入文章

在本節中，一起將文章導入登陸頁面吧！利用文字編輯器，打開事前準備時已確認好的「ptlp-doc.txt」檔案。

## ・複製＆貼上文章

一邊看著範本和草稿，將文章複製、貼上到HTML的骨架裡。這時候，請將標題的重要程度、換行、強調、使文字尺寸縮小一些……等細節都加上去（提示：第114至126頁）。

標題的重要程度：<h1>、<h2>。

段落：<p>。　　換行：<br>。

強調：<strong>。　　　使文字尺寸縮小一些：<small>。

## ・追加連結

連結有「現在馬上報名」和「→報名點選這裡」，這兩個連結都要事先加上去。如果點擊了網頁最開頭的「現在馬上報名」，就會直接跳轉到網頁下方的「→報名點選這裡」。

先做好以下的設定：如果點擊了網頁下方的「→報名點選這裡」，就會開啟新的網頁，跳轉到「https://www.google.co.jp」（實際接案時，案主會提供跳轉目標的網址）（提示：第139至143頁）。

---

### 改造完美身體的健身環境！

<u>現在馬上報名</u>

在個人訓練健身房「Hibino JUNGLE GYM」，
你將能量身打造，適合自己的訓練方法
還到有效的身材雕塑！

**完全私人空間**

我們擁有完全預約制的個人空間，讓你能夠不必在意他人眼光，專注的訓練。

特別推薦給對「適合自己的有效身材雕塑」感到興趣的你。

**顧客的心聲**

就是覺得肚子很大……諮詢時計算了BMI，才知道高達28，覺得貴在很糟糕呢。

一開始只是想要消掉肚子，結果漸漸的越來越開心，身材也結實了一圈。

託Hibino JUNGLE GYM的福，身邊的人都說我變年輕、也變帥了！超開心！
（40多歲上班族．男性）

※訓練結果有個人差異，並非所有人都能獲得相同的結果。

**你的BMI是多少？**

現在馬上來試算看看吧！
『BMI＝體重(kg)÷身高(m)×身高(m)』

如果BMI值25以上，可能有點肥胖；如果未滿18，就可能過瘦了。

---

### 服務與費用

■身材雕塑課程
入會費：免費
費用：2個月16次 200,000日圓（未稅）
內容：一週隔次（一次60分鐘訓練）

■進階課程
入會費：免費
費用：2個月24次 380,000日圓（未稅）
內容：一週三次（一次90分鐘訓練）

■60天退費保證
若您依照教練指示實際進行了訓練，依然對課程感到不滿意，本中心可全額退費。
課程保證在60天內結束，因此您不會承擔任何風險。對於考量費用並不低廉而卻步的您，可以
若您希望鍛鍊身體，請來到打造個人最佳訓練的Hibino JUNGLE GYM。由專業的教練為您服。
此外，為了讓您在工作前、回家時、要和朋友見面之前等狀況下，都能夠不受拘束的使用健身
請務必來到Hibino JUNGLE GYM洽詢。

＞報名點選這裡

©2019 Hibino JUNGLE GYM.

---

・目前為止的正確程式碼，請透過以下連結下載確認。

https://reurl.cc/R4NLEx

→「proglp/gymlp/6-8_【步驟5】導入文章」

# 9

# 【步驟6】嵌入圖像、插畫

接著，請將圖像、插畫嵌入登陸頁面吧！利用檔案總管（Mac則是Finder）來檢視事前準備時確認過的「proglp/gymlp/img/」資料夾。

### · 將圖像、插畫等素材置入 HTML 的骨架

一邊對照範本和草稿，一邊嵌入圖像、插畫。這時候，請仔細觀察範本和草稿。有一張圖像帶有圖說，不能遺漏了它（提示：第134至135頁、第157至159頁）。

圖像標籤：<figure>、<img>、<figcaption>。

### · 添加圖像的一句說明

登陸頁面的圖像，也要先追加「一句說明」。以下依據由上往下的順序來說明（提示：第136頁）。

圖像1：個人訓練健身房開幕。

圖像2：即使是私人空間，也導入了最強器材。

圖像 3：顧客的心聲。

圖像 4：服務與費用。

· 目前的顯示結果及正確程式碼，請透過以下連結下載確認。

https://reurl.cc/R4NLEx

→「proglp/gymlp/6-9_【步驟 6】嵌入圖像、插畫」

只要將圖像、插圖等素材嵌入了登陸頁面（網頁也是），就會呈現出截然不同的感覺。

這或許可以說是一種技巧，圖片能夠引發用文章再怎麼敘述也無法傳達的概念，也能讓人感受到些許的細微差異、色彩，以及充滿姿勢或表情的力量。

雖然有些離題，不過容易吸引目光、讓人有好感的圖像中，是有一套法則的。它稱為「3B 法則」。也就是：

Baby：嬰兒。

Beauty：美人。

Beast：動物。

如果你正猶豫，不知道該選擇什麼圖片上傳到部落格、社群網站，請回想一下這個法則。

# 10

# 【步驟7】利用CSS調整設計

在本節，將會和各位一起將登陸頁面的設計，調整為適合電腦瀏覽的狀態。

之前提過，在調整設計的CSS中，分成直接寫入html以及使用外部檔案的方法。這次的練習，並不是複雜的登陸頁面，因此我們要以直接寫入html的方法來調整設計。完成之後，請再嘗試將它製作外部檔案（提示：第179、180、198頁）。

**調整設計的作業順序**

①為了要設計得適合電腦瀏覽，我們要決定「以瀏覽器顯示後的寬度」。這次將一般電腦可顯示的大小「1,000px」，設定為登陸頁面的寬度最大值（提示：第204至205頁）。

```
1    body {max-width: 1000px;}
```

（max-width不只可以指定圖片，還可以指定其他要素的橫幅寬度。）

②將文字設定為易讀的字型（提示：第185至186頁）。

```
2   body {font-family: Arial, "Hiragino Kaku Gothic ProN W3",
    Meiryo, sans-serif;}
```

③&lt;h1&gt;的文字設定為36px粗體字。&lt;h2&gt;的文字設定為24px的粗體字。圖說文字設定為12px（提示：第187至191頁）。

④讓連結產生彈跳的動畫效果！還有，設定當滑鼠懸停在超連結上方時，文字顏色會變成「darkblue」，按下之後會變成「skyblue」（提示：第229至234頁）。

⑤有兩處螢光筆劃記，請別漏了（提示：第216至218頁）。

⑥「完全私人空間」、「顧客的心聲」的部分要調整得更加明顯，將背景設為紅色，文字則要設成白色的（提示：第187至188頁、第193頁）。

⑦「完全私人空間」的部分要用虛線的圓角框圍起來，圖像靠左，文章則繞行在右側。「顧客的心聲」的部分也一樣，用虛線的圓角框圍起來，圖像靠右，文章則繞行在左側（提示：第207、208、210、213頁）。

（「虛線」是以圓角框裝飾時的好選擇。試著上網用「CSS 虛線」、「CSS 虛線 框起來」等關鍵字來檢索，當作更實用的經驗或資訊吧！

・目前的顯示結果及正確程式碼，請透過以下連結下載確認。
https://reurl.cc/R4NLEx
→「proglp/gymlp/6-10_【步驟 7】利用CSS調整設計」

---

## 零基礎寫程式

☐ 堅守「骨架→文章→圖像→設計」的流程！
☐ 逐一顯示之後，一邊確認、一邊往下執行，這樣會更有效率。

# 11

# 【步驟8】利用JavaScript 計算BMI

接下來，將帶領各位把BMI計算機追加到登陸頁面上！

### ·JavaScript程式設計的準備

JavaScript的程式設計和CSS一樣有兩個方法，一個是直接寫入html，另一個則是使用外部檔案。這次的練習不是複雜的登陸頁面，因此我們要以直接寫入html的方法來調整設計。完成之後，請再嘗試將它製作成外部檔案（提示：第265至270頁）。

### ·將輸入框追加到html

確認範本和草稿，追加計算時使用的輸入框、執行計算的按鈕，以及顯示結果的輸入框。請回想一下<form>、<input>的內容（提示：第296至298頁）。

### ·追加計算功能

將JavaScript寫入html中。還記得嗎？算式就和第五章的練

習提過的相同，所以應該沒什麼問題（提示：第307頁）。

### ・連接至按鈕點擊

當瀏覽者點擊按鈕時，執行計算。這和第五章做過的方法相同，需要使用onclick（提示：第306頁的步驟3）。

・目前的顯示結果及正確程式碼，請透過以下連結下載確認。

https://reurl.cc/R4NLEx

→「proglp/gymlp/6-11_【步驟8】利用JavaScript計算BMI」

---

**Memo** 如果程式不運作，該怎麼辦？

使用JavaScript的程式設計，有可能無法一次就順利運作（無法計算）。但是，請你別放棄。藉由比對在第五章學習的內容，以及你寫進程式裡的內容，一定可以發現無法順利運作的原因。

所謂的程式，就是要以專用語言，將希望電腦做的事情，一件、一件仔細的傳達給電腦。我們只說一個，它也不會明白十個。此外，我們一直都在學習，如果要找出無法順利運作的原因，可以利用alert。此處請回憶相關內容，試著使用看看（提示：第273頁）。一直到哪裡，程式可以運作到哪個步驟？又是從哪裡開始，程式開始無法運作的？請使用alert逐一調查。

# 12

# 【步驟9】透過Google Analytics 解析流量

本節將帶各位一起將流量解析功能追加到登陸頁面。

Google Analytics的程式碼，會由案主提供。在本書的下載檔案中，「proglp/gymlp/js/ga.js」裡也附有程式碼。請用文字編輯器開啟，確認內容。

## ・將解析功能追加到登陸頁面

將Google Analytics的JavaScript寫進html中。用文字編輯器開啟、全選ga.js的內容，複製、貼上到html的<head>～</head>之間。這一步的重點是，要複製、貼上到<head>之後。

・目前的顯示結果（和前一頁的外觀無異）及正確程式碼，請透過以下連結下載確認。

https://reurl.cc/R4NLEx

→「proglp/gymlp/6-12_【步驟 9】透過Google Analytics解析流量」

<head>周邊的程式碼的狀態

```
<!DOCTYPE html>
<html lang="ja">
<head>
<!-- Global site tag (gtag.js) - Google Analytics -->
<script async src="https://www.googletagmanager.com/gtag/js?
id=UA-XXXXXXXX-X"></script>
<script>
  window.dataLayer = window.dataLayer || [];
  function gtag(){dataLayer.push(arguments);}
  gtag('js', new Date());

  gtag('config', 'UA-XXXXXXXX-X');
</script>
  <meta charset="UTF-8">
```

---

**Memo** 可利用Google Analytics蒐集的資料

依據這裡貼上的JavaScript內容，登陸頁面每一次顯示時，就會自動向Google發送「有誰正在看」的指令。

此外，也會蒐集以下資訊：

瀏覽了多久時間？

從哪一個網頁連過來的？

移到了哪一個網頁？

在幾號的幾點鐘瀏覽的？

從哪一地區瀏覽的？

藉由分析蒐集而來的資訊，就能不斷改善，讓使用者對於商品、服務更感興趣。

# 13

# 最後的收尾工作

接著，請進行對應手機畫面的設計等最後的調整！

要調整對應手機畫面、置中等設計。接著，再利用電腦和手機檢視畫面，確認連結、按鈕的動作。

**步驟10：對應手機畫面（請參照第342頁）**

還記得「響應式網頁」這個詞嗎？登陸頁面要調整為可以用電腦看，也能用手機瀏覽。在這個步驟，我們要調整網頁設計，使其能對應手機的畫面。使用Google Chrome檢視響應式頁面，就是這個步驟的關鍵。

**步驟11：檢測按鈕、連結的跳轉目標（請參照第344頁）**

點擊BMI計算的按鈕和前往報名頁面的連結後，確認它們是否都正確的運作。

有時候我們會覺得自己好像已經完成了，所以在此請機械式的一一仔細檢視！毫無遺漏的檢視，就能愉快的完成任務！

那麼，我們再接著進行各個步驟。請先稍微喘口氣，再繼續努力！

## Memo 聊一聊「最後檢測」

人類這種生物很不可思議。在我以上班族身分、擔任工程師的期間，無論是進行大規模系統開發的工作，或是製作小型網頁時，都會在最後的檢測階段出現遺漏。

「這種錯誤，誰都知道吧？」程式裡經常會出現這樣的低級檢測錯誤。探究箇中原因，我想絕大多數都是因為進行糾錯的工程師，總會下意識的逃避糾錯。

這是什麼意思？雖然我們會測試自己寫的程式、一一確認，但到這階段總會下意識的覺得「這裡如果動起來，可就糟啦！」（簡直宛如天神的聲音），於是忍不住忽略似乎會有問題的部分。

為了避免發生這種事，我們當然也會準備「測試設計書」這種嚴謹的資料，但儘管如此，還是敵不過潛意識的力量。就算事後回頭看結果，確實有嚴謹的糾錯，但這也可以說是製作者天生的直覺吧？我們糾錯時，總會下意識的找到逃避的方法。

所以，最後還是請你機械式的檢測吧！最好的做法，就是拜託第三者代勞了。

# 14

# 【步驟10】調整為對應手機畫面

在本節中，會帶領各位追加響應式網頁的功能。

作為電腦要理解的資訊，我們必須將「此終端設備如何顯示登陸頁面」告訴電腦。請回憶一下將「viewport」追加到<head>~</head>部分的相關內容（提示：第241至245頁）。

### ・利用CSS，讓版型設計產生變化

首先是關於終端設備的畫面寬度設定。在此，假設裝置的畫面寬度最大在600px以下，就是手機的呈現寬度。請回想一下在CSS學習的「@media」的使用方法吧！

至於文字尺寸的設定，可利用「vw」這個單位，來指定<body>、<h1>、<h2>、<figcaption>、<a>的文字尺寸：

    <body>：1.6vw

    <h1>：3.6vw

<h2>：2.4vw

<figcaption>：1.2vw

<a>：5.0vw

　接下來是解除文章的繞行，原本用電腦瀏覽時，「完全私人空間」、「顧客的心聲」的部分，是文章繞行在圖像的右側、左側。現在我們要解除繞行，使其縱向排列。

　·目前的顯示結果及正確程式碼，請透過以下連結下載確認。

https://reurl.cc/R4NLEx

→「proglp/gymlp/6-14_【步驟10】調整為對應手機畫面」

## 對應響應式網頁的CSS讀法

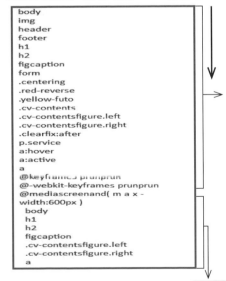

```
body
img
header
footer
h1
h2
figcaption
form
.centering
.red-reverse
.yellow-futo
.cv-contents
.cv-contentsfigure.left
.cv-contentsfigure.right
.clearfix:after
p.service
a:hover
a:active
a
@keyframes prunprun
@-webkit-keyframes prunprun
@mediascreenand( m a x -
width:600px )
  body
  h1
  h2
  figcaption
  .cv-contentsfigure.left
  .cv-contentsfigure.right
  a
```

從上往下決定設計。

電腦用的版型設計

在這個部分，如果是手機（畫面寬度在600px以下），就由上往下使用@media內側的設計。在上方、與電腦瀏覽用設定裡出現的CSS相同的指定，也會在@media的內側出現。這也代表，只要用與電腦瀏覽專用相同指定的CSS來覆寫，就可置換為手機用的設計。

手機用的版型設計

# 15

# 【步驟11】確認圖片和文字置中

本節要讓圖像、文章等置中，並顯示網頁來一一確認。

## 讓圖像、文章置中的方法

想要置中的時候，在CSS中有個方法可以指定。

```
7    text-align: center;
8    margin: 0 auto;
```

「text-align」曾經在第193頁出現過，這部分各位應該沒問題。「margin: 0 auto;」雖然沒有在先前的學習內容中出現過，不過只要記住了技巧，之後製作時就很方便。

margin，是「指定縱向、橫向的空白」之意。「0 auto;」的左側是指定縱向的空白量，右側是指定橫向的空白量。這時候，藉由指定縱向空白為0、橫向空白則自動指定，就可讓畫面讓出最大寬度的中央部分。

### ‧ 利用 CSS 來指定置中

利用 text-align，將 <header> 和 <footer>、<h2> 包圍起來的圖像、文字置中。

讓文章繞行的部分——「完全私人空間」和「顧客的心聲」置中。由於已經有以灰色圓角虛線裝飾的 CSS 程式碼，因此就將「margin: 0 auto;」追加到其中。

利用 margin，將 <form> 包圍起來的部分置中。為了微調置中後的位置，就利用 max-width 將最大寬度調整為 900px。

```
3    form { max-width: 900px; margin: 0 auto; }
```

接著，讓位於「服務與費用」下方的圖像置中。追加使用了 class 的選擇器，再將 class 指定到 html。

```
3    .centering { text-align: center; }
```

雖然也想讓「服務與費用」的文章置中，但一旦使用了 text-align，文章本身就會往正中央靠，變得難以閱讀。

因此，文章就維持靠左，只讓顯示位置置中。使用指定了置中的 css 的 class，追加到用 <p> 分別包圍的「身材雕塑課程」、「進階課程」、「60 天退費保證」之中。

此外，為了微調置中後的位置，就利用max-width，將最大寬度調整為900px。

```
5    p.service { max-width: 900px; margin: 0 auto; }
```

將分別包圍著「身材雕塑課程」、「進階課程」、「60天退費保證」的html程式碼中的<p>，如同<p class="service">一般，改變為指定置中的CSS程式碼中的class。

會彈跳的動態連結，也要使用margin來置中。

**· 確認各裝置的顯示畫面**

我們在曾經在第四章學過「不同裝置的檢視方法」（請參照第256頁），現在就是實踐的時候了。可使用Google Chrome來檢視吧！

請分別切換到各個裝置的畫面尺寸，包含個人電腦的畫面尺寸、平板電腦、智慧型手機，一邊確認網頁顯示的變化。

**· 最後，點擊連結，確認網頁動態**

登陸頁面完成了。儘管如此，就算外觀看起來很美，但點擊連結、按鈕時，還是有可能發現無法順利運作，如果就這樣交出成品，實在令人有點擔心。請利用電腦、手機兩種裝置，一起來確認。

點擊「現在馬上報名」。這時候，請一併確認連結的顏色。點擊之後，是否跳轉到網頁下方了？如果沒有跳轉，請再次確認html。接著點擊「→報名點選這裡」。在這個部分，也要確認連結的顏色是否改變了。點擊之後，應該要跳轉到Google首頁。如果沒有跳轉，請再次確認html。

### ・ 點擊按鈕，確認網頁動態

輸入體重和身高，點擊「計算BMI」。成功計算了嗎？如果沒有顯示任何結果，可能是因為程式沒有順利運作。請再次確認JavaScript或onclick的部分。

### ・ 大功告成

如果連結和按鈕的運作都確認過沒問題，就完成了。儘管為了因應不同的客戶，有時候也會改變製作的流程，不過在大多數的情況下，都可以利用這次練習所描述的流程來應對。

「我無法順利的做網頁」、「無法讓它隨心所欲運作」……為了抱持這些煩惱的讀者，我將這個登陸頁面的正確程式碼全部刊載在下載檔案中。當你無論如何都無法靠自己的力量來解決，請試著對照、確認一下。

・顯示結果及正確程式碼，請透過以下連結下載確認。
https://reurl.cc/R4NLEx
→「proglp/gymlp/6-15_【步驟11】確認圖片和文字置中」

**結語**

# 學習程式設計，鍛鍊邏輯思考 與解決問題的能力

感謝各位讀者的閱讀。

或許你會認為，本書是一本關於副業工作術、資訊科技的書籍。但是，其實本書主題包含了培養「邏輯思考方式」和「確實解決問題的能力」這兩大技能。

一直以來，我在幫助對於工程師這一行感興趣、也想要學習程式設計技能的人時，總是很在意一件事，那就是，儘管人們總是說「最好要學程式設計」，但工程師的表達方式多半只有出身理科的人才聽得懂。因此，我一邊竭盡心力思考：「該利用什麼樣的例子來傳達，才容易理解？」、「什麼樣的題目，才能讓人開心的持續學習？」最後寫成了這本書。

對於認為「資訊科技不是很容易理解」、「電腦好可怕」的人，我想程式語言確實有其辛苦之處，例如，無法讓網頁如腦海中的想像顯示出來、套用的版型設計沒有變化、網頁不會動……但是，面臨這樣的時刻，我們都需要磨練「以邏輯解決問題」的

技能。

　　還有，如果你遭遇到這些狀況，請先下定決心告訴自己：「要在○○分鐘內解決！」就像是打電動一樣，請一個一個找出運作不順利的地方，再好好改善。只要能在設定好的時間內解決，不僅讓人開心，解決下個問題時也更有樂趣。

　　我自己過去在公司上班時，都是下定決心，要把送到眼前的錯誤報告「在20分鐘內解決問題，然後下班！」如此充分享受解決問題的喜悅。

　　人們總是說，程式設計是今後商務場合中不可或缺的技能。從反面來看，我們也正面臨人才不足的問題，需要和供給不成比例。為了改變這樣的市場，我希望不只有部分的理科畢業生投入這個領域，也希望在溝通時能敏感的讀出文句脈絡的人們（文科生），都能夠學會程式設計的技能。

　　若非如此，結果就將如同現在一般，「資訊科技是只有少部分的人才搞得懂的東西」，多數人都過著「只會使用」的生活。這之間的差異不僅會影響到收入層面，也會波及工作本身的存在與否，甚至也必然會影響孩子們的教育。

　　想必有許多讀者會認為「因為不是理科畢業生，所以不懂程式設計是正常的」，但如果你能從本書出發，往程式設計的世界邁出一步，能夠感覺到一點樂趣或接觸到一些程式機制，就是我最開心的事了。

　　最後，本書在完成之際，我受到了許多人的關照。

KANKI出版的庄子鍊，以及與本書相關的許多編輯人員。欣然允諾我使用瑜伽畫面的 R company。讓我學會撰寫技巧的小野。還有，也衷心感謝我的太太一直開朗的支持著我。

最後，我想對閱讀本書的各位說，每個人都能學會程式語言，與學歷、工作方式、收入都無關。掌握住程式設計的技巧，即使沒有應用於資訊科技領域，也會因為用了這項技巧，而享受到多采多姿的人生！

Biz 328

# 零基礎寫程式

## 設計商品頁面、嵌入YT影片或Google地圖、FB貼文廣告、發電子報⋯⋯沒學過程式的你，照樣能談加薪賺外快。

作　　　者／日比野 新
譯　　　者／黃立萍
封面插圖／陳竑憲
副 主 編／劉宗德
校對編輯／張祐唐
美術編輯／林彥君
副總編輯／顏惠君
總 編 輯／吳依瑋
發 行 人／徐仲秋
會　　　計／許鳳雪、陳姵娟
版權經理／郝麗珍
行銷企劃／徐千晴、周以婷
業務專員／馬絮盈、留婉茹
業務經理／林裕安
總 經 理／陳絜吾

國家圖書館出版品預行編目（CIP）資料

零基礎寫程式：設計商品頁面、嵌入YT影片或
Google地圖、FB貼文廣告、發電子報⋯⋯沒學
過程式的你，照樣能談加薪賺外快。 / 日比野新
著；黃立萍譯. -- 初版. -- 臺北市：大是文化，
2020.08
352 面；17X23 公分. -- (Biz；328)
譯自：文系でもプログラミング副業で月10万円
稼ぐ!
ISBN 978-957-9654-93-7(平裝)

1.電腦程式設計　　2.網路行銷

312.2　　　　　　　　　　　　109006198

出 版 者／大是文化有限公司
　　　　　臺北市 100 衡陽路 7 號 8 樓
　　　　　編輯部電話：（02）23757911
　　　　　購書相關資訊請洽：（02）23757911 分機 122
　　　　　24 小時讀者服務傳真：（02）23756999
　　　　　讀者服務 E-mail：haom@ms28.hinet.net
郵政劃撥帳號／ 19983366　　戶名／大是文化有限公司

法律顧問／永然聯合法律事務所
香港發行／豐達出版發行有限公司　　Rich Publishing & Distribution Ltd
地址：香港柴灣永泰道 70 號柴灣工業城第 2 期 1805 室
Unit 1805, Ph.2, Chai Wan Ind City, 70 Wing Tai Rd, Chai Wan, Hong Kong
電話：（852）2172-6513　傳真：（852）2172-4355
E-mail：cary@subseasy.com.hk

封面設計／林雯瑛
內頁排版／陳相蓉
印　　　刷／鴻霖印刷傳媒股份有限公司
出版日期／ 2020 年 8 月初版
定　　　價／ 399 元　（缺頁或裝訂錯誤的書，請寄回更換）
Ｉ Ｓ Ｂ Ｎ ／ 978-957-9654-93-7